JN116713

魔女の森

不思議なきのこ事典

本書は、巷間言われる伝承や物語、古くから言い慣わされた慣習など、読み物としての一般的な情報を提供することのみを目的としており、全ての情報は確実性のある科学的根拠によるものではなく、学術的な信用性を担保するものではありません。また、特定の食習慣や食事療法を奨励または促進するものではなく、キノコを食用として、栄養的または医学的に有益なものであるとして摂取を推奨するものでもありません。栄養士や医師等の医療的専門家からの指示に代わるものでもありません。

栄養学、あるいは菌類、植物学などに関する専門知識は絶えず進化しており、この本で紹介する情報についても、都度、他の文献や解説などを参考にし、各自の責任において判断していただくようお願いします。

本書に記載されている菌類や植物の摂取あるいは、その成分の摂取、使用によって、中毒症状やアレルギー、その他の副作用が引き起こされる可能性があります。特に摂取、接触によって何らかの症状、アレルギー反応等があった場合には、必ず医師または資格のある医療従事者の指示を仰ぎ、本書に記載された内容を医療的行為の代替行為に使用することは決してしないでください。

本書著者、編集者、監修者、翻訳者、英語版ならびに日本語版出版社、およびキュー王立植物園は、本書の内容の正確性、完全性等に関して、いかなる保証もせず、本書の内容を元に行われた、直接的または間接的ないかなる行為の損害または費用の補償は行いません。

The Magic of Mushrooms
Fungi in folklore, superstition and traditional medicine

The Royal Botanic Gardens, Kew logo and Kew images © The Board of Trustees of the Royal Botanic Gardens, Kew (Kew logo TM the Royal Botanic Gardens, Kew)

Text © Welbeck Non-fiction Limited 2022
Design © Welbeck Non-fiction Limited 2022

This Japanese edition was produced and published in Japan
in 2023 by Graphic-sha Publishing Co., Ltd.

1-14-17 Kudankita, Chiyodaku,
Tokyo 102-0073, Japan

Japanese translation © Graphic-sha Publishing Co., Ltd.

Royal
Botanic
Gardens Kew

英国王立植物園
キューガーデン
植物標本収録

魔女の森

不思議なきのこ事典

THE MAGIC OF MUSHROOMS

サンドラ・ローレンス 著

吹春 俊光 監修

堀口 容子 訳

g

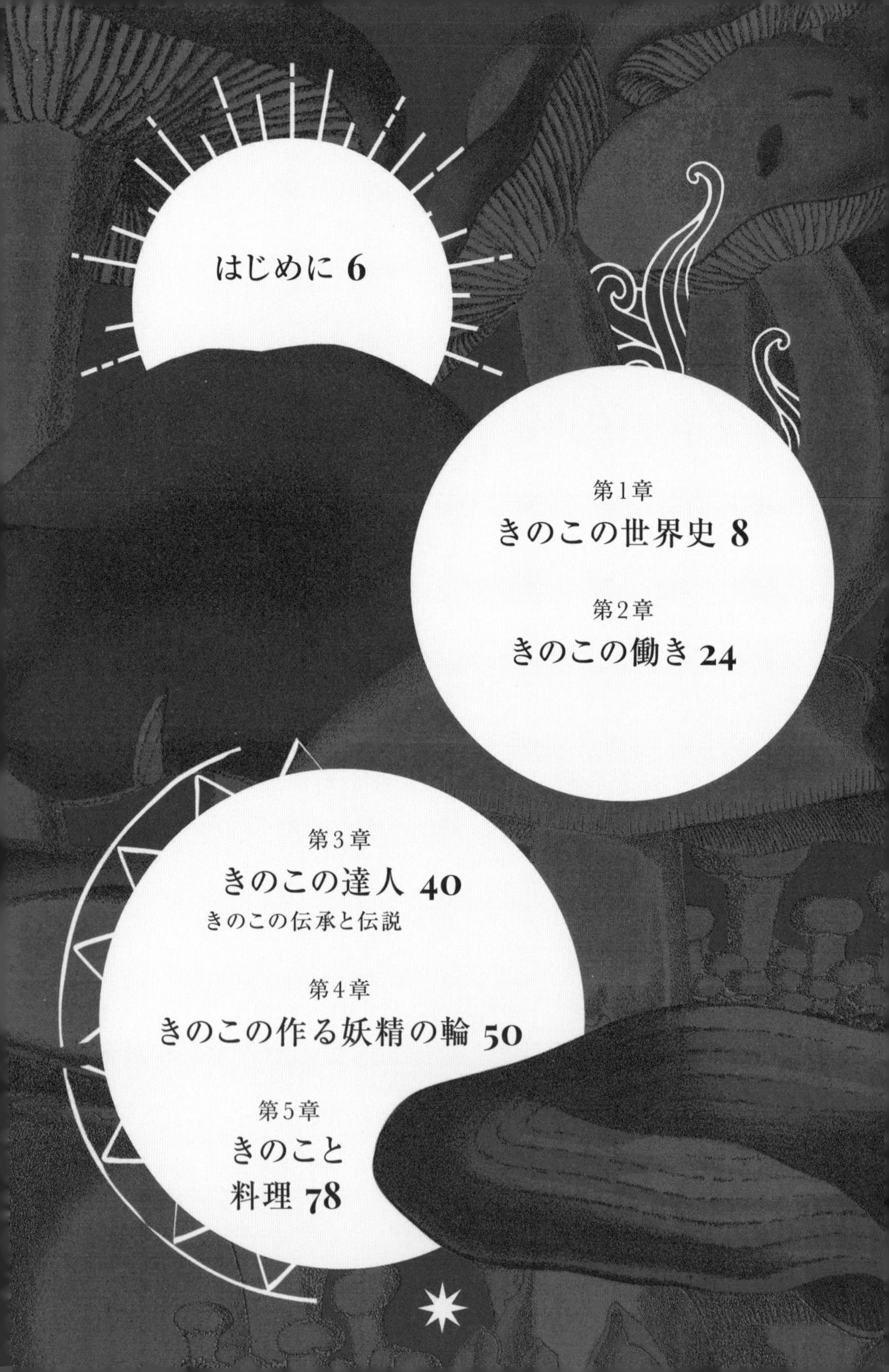

はじめに **6**

第1章
きのこの世界史 **8**

第2章
きのこの働き **24**

第3章
きのこの達人 **40**
きのこの伝承と伝説

第4章
きのこの作る妖精の輪 **50**

第5章
きのこと
料理 **78**

第6章
きのことアート 102

第7章
きのこと幻覚 116

第8章
きのこと魔女の
貯蔵室 140

第9章
魔鏡・きのこの
ダークサイド 162

第10章
きのこの未来 192

索引 202

Introduction

はじめに

青白くふっくらとして、まるで朽ちゆく死体に
成長の妖精が息を吹き込んだよう
パーシー・ビッシュ・シェリー（1792〜1822）

　いったい、きのこのどこが人を喜ばせ、かつ恐れさせるのでしょう？ 生物界全体を見ても、古代からずっとあらぬ疑いをかけられてきたのはきのこだけではないでしょうか。1950年代、ロバートとヴァレンティーナのゴードン・ワッソン夫妻は、世界を「きのこ好きの国」と「きのこ嫌いの国」に分けました。きのこを採って利用するのが好きな文化圏と、きのこはすべて毒きのこ、基本的に有毒だと考える文化圏です。

　私たちの祖先は、ときにおいしく、ときに死を招き、そしてときにはおいしいのに死を招くこの不思議な生命体を理解しようとしてきました。きのこは奇妙な形で、変な臭いがし、魔法のように出現します。きのこの種類を見分け、きのこの生まれ方を解き明かし、薬・火口（着火材）・織物、それに食材としてのきのこの使い方を示そうと、多くの伝説やことわざ、俗習ができました。妖精の輪（菌輪）やツチグリ、何よりも嵐の後にきのこが現れる現象を、物語で説明しようともします。

　何世紀もの間、きのこは異形の植物だと思われてきました。だから、王立植物園キューガーデンが世界最大の菌類標本庫として、125万点もの標本を持っているのです。菌類学は何世紀もの間、植物学の中の下等グループ扱いでしたが、今や尊敬される学問として、世界を変えるような発見をしています。しかし、きのこを科学的に理解しようとするだけでは、非常に大切なものを見落としてしまうでしょう。これまでの私たちときのこの関わりは、不安の多いものではありましたが、それでもこの関係が、将来人類を救うかもしれない菌類に対する見方に味わいを添えるのではないでしょうか。

　本書は、きのこを科学的に解説する本ではありません。そういう本はもう多数あり、とても上手に解説しています。そのうち私の好きな数冊を参考文献に挙げておきました。あんな風に書けたらいいでしょうね。また、本書はきのこの見分け方や野外観察用の図鑑でもありません。本書に掲載した歴史ある美しい絵図と見比べて、森で見たきのこの種類を調べようとするのは間違いです。本書はそういった本ではなく、菌類、特にきのこが、人類の生活にどんな風に入り込んで定着したかを簡単に見ていく本です。神話や伝説、迷信や疑問の歴史をたどり、世界の民間医療で様々に使われてきたきのこをほんの一部ながら取り上げ、今日、そういった俗習がどんな風に調査されているか見ていきます。

　民間伝承が死に絶えることはありませんが、変化はします。実際、特徴ある名前のきのこの多くがその名前で知られるようになったのは、この数十年のことです。ロマンを解する新世代の菌類学者たちが、目立つ種類のきのこでもまだ名前がつけられていないものが多いと気づき、名付けてからのことです。ですから本書では、古いことわざや物語、音楽、美術、小説や詩を集めましたが、同時にポップカルチャーの現代的解釈にも踏み込みました。ポップカルチャーの中に古いテーマが生き延びているのです。サイケデリックなポップアート、殺人鬼の徘徊するスラッシャー映画、ゲームなどは、実は古典を現代風にアレンジしたものです。

　古代エジプトの墓の壁に描かれた絵画でもインターネット上の0と1の羅列でも、あまり変わりはありません。私たちは今なおきのこに魅了され、戸惑い、ちょっぴり恐れています。新旧の神話や伝説を通じて、相反する気持ちを表し続けているのです。

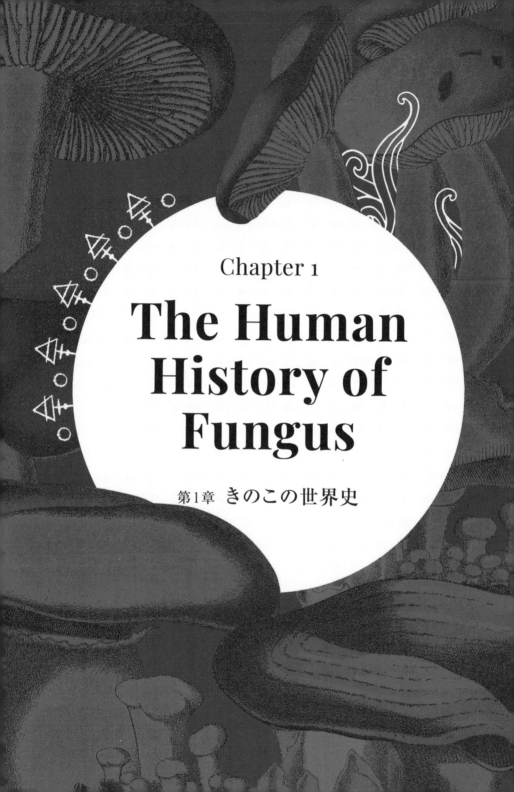

Chapter 1

The Human History of Fungus

第1章 きのこの世界史

この地上に生を受けてから

ほとんどの期間、

人類は菌類に戸惑い、恐れ、

それでもなお興味をそそられてきました。

どの文明にも

菌類がどうやって生まれたかを説く話があり、

人類は敵にも味方にもなりうる菌類を

大切にしてきたのです。

約18,700年前、スペイン北部のカンタブリアでは、
尊敬を集めた年配者を嘆きながら埋葬する集団がありました。

　赤い顔料を塗られ、黄色い花輪で飾られていたらしい35〜40才くらいの女性は、よほど重んじられていたようで、その集団の生活域に近い横穴に墓標がありました。今そこはスペイン中部にあるエル・ミロンと呼ばれる場所です。

　「レッド・レディ」と名づけられたこの謎の女性が誰で、なぜこれほど贅沢な埋葬儀礼を受けたのか解りません。しかし、現代歯学のお陰で、彼女が何を口にしたかは解ります。彼女は、判明している最古のきのこ摂取者なのです。ただし、食材だったのか、それとも風味付けや薬だったのかは、考古学者は想像しかできません。

　もっと北方で時代も下りますが、アイスマンのエッツィ＊は袋にいくつかの用途できのこを入れていました。約5,300年前、イタリア・オーストリア国境のアルプス山中エッツタールでミイラ化して発見された彼の遺体のそばに、きのこもあったのです。カンバタケ（*Piptoporus betulinus* または *Fomitopsis betulina*）は虫下し用の下剤だったのでしょう。ツリガネタケ（*Fomes fomentarius*）は火口として持っていたようですが、このきのこはガンや膀胱の薬、巻き爪の治療にも使われました。また、圧縮して「きのこフェルト」として帽子や小物を作ったり、出血止めに使ったり、後には初期の銃火器の点火剤にしたりもしました。北日本のアイヌの人々は昔から、病気の時に悪霊を追い出すため、乾燥きのこを燻しました。

　古代エジプトでは、きのこは雷雨の後に出現する奇妙さから、嵐の神セトの贈り物で、稲妻によって地上に送られると考えられていました。こんな宝物は明らかに不老不死をもたらすに違いないと考えられ、ファラオしか口にできませんでした。庶民は触れることすら許されませんでしたが、きのこ形と言われる神殿の柱を崇めていました。テングタケ属、シビレタケ属、種々のサルノコシカケ形の柱まであったようです。庶民がファラオの王冠を目にすることがあったら、ちょっときのこに似ていると思ったかも知れません（似ているかどうか、研究者の意見は分かれていますが）。しかし、絵師でもない限り、庶民がパピルス紙や墓の壁画に美しく描かれた種々のきのこを見ることはなかったでしょう。

　古代ギリシャ人も稲妻説を採っていました。きのこは目に見えない種から生える植物だと思ったのです。当時は雷雨の間にゼウスが大地に射精すると考えられていたので、きのこは神の「子孫」とされました。アリストテレスはその著『自然学』で菌類を植物に分類しましたが、実際には違う考えでした。何か別のものと考えるしかなかったためで、彼の当惑は私たちの祖先大勢のものでもありました。顕微鏡のない時代、空中を飛ぶ胞子を見ることも、足もとに広がる菌糸のネットワークに気づくこともできなかった以上、しかたがありません。目に見える短命な子実体は菌糸から生まれるのですが。菌による病気は神の悪意と考えられたりしました。きのこは危険だが食用になると見なされ、事故（および故意）によるきのこ中毒はよくあることでした。

＊北アルプスのエッツィ渓谷で見つかった5000年以上前の男性の凍結ミイラ。

p.11 テングタケ属のきのこ。J.V.クロンブホルツ『食用・有毒・食毒不明きのこの菌類図譜』、1831〜46年

15. *Aschgrauer Fliegenschwamm* AMANITA CINEREA, Otto. 6 9 *Feinfilziger brau*
Pantherfleckiger Fliegenschwamm AMANITA PANTHERINA, D. C. Franz: Golmotte fausse
18 21 *Schuppiger Fliegenschwamm* AMANITA ASPERA, Pers. Franz: Agaric âpre.

きのこは、自生するものよりも栽培されたものはずっと安全であるとされ、ギリシャの生物学者、テオプラストスも、肥やしの山に生えるきのこは有害でないものもあると述べました。

きのこの一種、エブリコ（*Fomitopsis officinalis*）は、古代の薬の切り札でした。1597年のジョン・ジェラードの『本草書』でも、万能薬として、喘息・消化不良・寄生虫・肺の血痰などの緩和に推奨されています。北米先住民族、チムシアン族が「幽霊のパン」と呼んだエブリコは、現在でも多くの民族にとって霊的にも薬用にも重要視されています。

ローマ人もエブリコを好みましたが、彼らはむしろ食用きのこの方にずっと関心がありました。古代ローマで誰かを「きのこ野郎」と呼ぶのは最大級の侮辱でしたが、食べられる人なら誰でもきのこを賞賛し、貪るように食べました。ただし、「食べられる人」に一般庶民は入りません。ボレタリアという専用の鍋で調理したきのこを食べていいのは貴族だけで、彼らは「小さな豚」という意味のきのこ、ポルチーニ、すなわちヤマドリタケ（*Boletus edulis*）に熱狂して我を忘れるほどでした。

兵士もきのこを食べることが許されました。戦闘直前に摂取すると、強さと忍耐力を高めるとされたからです。軍人で科学者の大プリニウスは、すべてのきのこをagarikonという名前で記述したため、彼の著作に出てくるきのこの識別は困難です。しかし、当時、全体として菌類への科学的関心ははっきり冷めていました。プルタルコスもプリニウスも、アリストテレスと同じく、菌類を理解できず、分類が難しかったため、次第に興味を失ったのです。1世紀の医師、ディオスコリデスも、後世まで影響を及ぼした本草書『薬物誌』執筆の際、同じ問題を抱えました。他の人々と同様、彼も、きのこは湿気が多く腐った土から生え、有毒または少なくとも食用にならず、食材として栄養的価値はないと考えていました。

上 松の木の下に2羽のタンチョウヅルと不老不死のきのこ。呂紀、絹本墨画著色、1520年頃。

1,500年もの間、西洋では、その『薬物誌』が医学書として典拠にされたので、きのこはヨーロッパでは徐々に「時代遅れ」になっていきました。様々な食用きのこを知り尽くし、そして味わったのは貧しい人だけだったのです。しかし、世界の他の地域では、きのこが無視されることはありませんでした。中国と日本では、きのこは寿命を延ばし、不老不死をもたらすとさえ考えられました。神話上の古代中国の皇帝「神農」は伝統中国医学（TCM）の父とされています。神農は鋤や鍬、斧を発明したり、人間に農業技術を教えたりし、それ以外の時には自ら薬草を試していたと言われます。西暦200～250年頃に書かれた『神農本草経』は、身体の各部位の生命力を助ける薬として様々なきのこを分類しました。この書は、寿命を延ばすにはきのこの摂取量を慎重に加減すること、と書いています。

メキシコ南部から中央アメリカにかけてのメソアメリカの異様な「きのこ石」は、後に来たカトリック宣教師が不快な異教の偶像と見なし、多数が破壊されましたが、今でも残っていて、私たちをミステリアスな世界へ誘います。こうしたきのこ文化は宣教師団がやってくる何世紀も前に絶えてしまいましたが、その痕跡は今も主にメキシコとグアテマラで見られます。ペニスのような奇妙なきのこの石彫は通常、ひざまずく人物の背中から生えているので、幻覚作用のあるきのこへの崇拝を示すのかも知れません。しかし、古代に祈りを捧げていた人たちが何を信仰していたのか、誰にもわかりません。後のアステカ人はきのこを「神の肉」と呼び、アステカ神話の農耕神ケツァルコアトルが自分の血できのこを作ったと伝えています。

きのこに懐疑的だったヨーロッパ世界において、12世紀のドイツの聖女で、薬草学者・哲学者・神秘家・音楽家でもあったビンゲンの聖ヒルデガルトは、際立って異例の存在です。彼女は地上のあらゆるものは神の贈り物と捉え、きのこが何に使えるか熱心に調べて、木に生えるすべてのきのこは食用か薬用のいずれかになると考えました。しかし、他のキリスト教文書はもっと狭量でした。ジョン・M.アッレグロなどの学者は、中世彩飾写本で、木をきのこのように描く伝統を指摘しています。聖書に出てくるエデンの園の知恵の木は、彼らいわく、巨大なシビレタケ属のきのこのように描かれます。ヘビがその菌柄（柄）に巻きつき、イヴがヘビに疑わしげな眼差しを向けるのです。

ロシア、ポーランド、チェコ、ハンガリーなど東欧ではきのこへの抵抗は少なく、食材としても薬としても喜んで利用していました。

イタリアの植物学者、ピエール・アントニオ・ミケーリが1729年に書いたものの出版されなかった『植物の新しい属』は、きのこ研究の停滞が変わり始めたことを教えます。それまで科学的に観察されたことのなかった900種以上のきのこについて記述しているからです。

同時代の人々の多くは、きのこに生殖体があるというミケーリの主張を信じませんでした。それでも、彼は屈せず、胞子から培養菌を作って自説の正しさを証明し、実質的に菌類学の生みの親となりました。彼が作成した73種のきのこの図版は、不気味なものばかりの暗く有毒な世界と思われていたところに、新たな関心の火をつけたのです。それから20年、きのこはずっとしまい込まれていた民話という箪笥の中から、科学的観察のまばゆい光の下に持ち出されました。「分類学の父」、スウェーデン人のカール・フォン・リンネが、きのこも自分の考案した新しい二語名法の学名システムに入れたのです。ただし、リンネもまだ、きのこは植物の一部と考えていましたが。

最初に「菌類学」という言葉を使ったのは、イギリスの聖職者で熱狂的なきのこコレクターだったマイルズ・ジョゼフ・バークリーです。農家は特にバークリーに感謝すべきでしょう。なぜなら、彼は様々な農作物を害する病原菌を具体的に突きとめたからです。敵を知ることは敵と戦う第一歩であり、彼が1840年代アイルランドのじゃがいも大凶作の原因を調べたことが、真犯人であったジャガイモ疫病菌（*Phytophthora infestans*）の特定につながり

Mushroom Monstrosities —

ました。この菌は今ではきのこより褐藻に近い卵菌類の一種とされています。

さて、19世紀は、特に女性研究者の間で、菌類学への関心が爆発的に高まった時期でした。科学研究は一般に若い淑女にふさわしくないと思われていましたが、植物学は許されていたからです。アンナ・マリア・ハッシーや変形菌類に情熱を傾けたグリエルマ・リスターといった女性たちが、先駆けとなりました。しかし、ヴィクトリア時代の人々

が自然に関することなら何にでも夢中になったとは言え、イギリスで最も有名な菌類学者の1人、ビアトリクス・ポターが、何百もの詳細なきのこ類の図版より童話で有名になるのを阻むことはできませんでした。

20世紀になると、まるで菌根のネットワークに多くの分岐があるように、菌類学もいくつにも枝分かれして発展していきました。1928年、スコットランドの微生物学者、アレクサンダー・フレミングによるペニシリンの発見は、化膿した傷の手当てにカビの生えたパンを使うという風習にはどうやら意味があったらしいと示しました。そして今、地上に存在する有機物の医学的可能性をどこまでも追求しようとする勢いは、今日ほとんど顧みられることのないビンゲンの聖ヒルデガルトの、人類と自然界の関わりに見出した霊的な喜びを思わせます。私たちは随分進歩しました。それでもまだ、この地上で最も謎めいた存在を理解するには程遠いのです。

p.14 アイカワタケ（*Laetiporus sulphureus*）。
アンナ・マリア・ハッシー『英国菌類図譜』、1847〜55年。
上 『きのこの妖怪たち』。
ジョージ・クルックシャンクの愉快な版画、1835年。

Caesar's Mushroom
セイヨウタマゴタケ
Amanita caesarea

セイヨウタマゴタケ（*Amanita caesarea*）は、
暴食するほどきのこに目がなかったローマ皇帝クラウディウス
（紀元前10〜紀元後45年）にちなんで命名されました。

南欧および北アフリカ原産のこの滑らかな丸みのあるきのこは、明るいオレンジ色の傘とクリーム色の襞（ひだ）があり、貴族や軍人に賞味されました。アルプスの北側では、百人隊が行軍途中で残飯を捨てたと言われる古いローマ街道沿いでよく発見され、東欧やインド、中国、メキシコでも見つかります。セイヨウタマゴタケはベニテングタケ（*Amanita muscaria*）の属するテングタケ属の一種で、壁画やモザイクにも描かれました。

タキトゥス、カッシウス・ディオ、それに信頼性には欠けるものの面白いスエトニウスという3人の歴史家の著述で、西暦54年、老クラウディウス帝がきのこ料理に毒を盛られて死んだと述べられています。事件の背後には皇帝の4人目の妻、アグリッピーナがいました。彼女は、クラウディウスの息子であるブリタニクスではなく、自分の前夫との息子、ネロを皇帝の座に就かせようと決心したのです。

アグリッピーナは毒使いの女、ロクスタを使ったと言われますが、その指示は具体的でした。その内容は、クラウディウス帝が見た目には何ともない様子で宴会場を歩いて出られること、そして毒の効き目は数時間後に激烈に現れ、万一気の毒な皇帝が事実に気づいて裏切り者を処罰しようとしても、心身の力を奪い、できないようにすることというのです。当時入手可能だったある毒が、この注文に適いました。*Amanita phalloides*、タマゴテングタケです。歴史家の一部は、ロクスタも他のどのローマ人も、タマゴテングタケの効き方を正確に知っていたはずはないと懐疑的ですし、この毒殺に触れた文献で同時代のものはありません。しかし、ある著述家がこの件に沈黙しているのが注目されています。哲学者・政治家・劇作家のセネカは、ネロの家庭教師だったばかりか、事件を目撃していた可能性すらあるのに、この謎には風刺的な仄めかししかしていないのです。1972年、民俗菌類学者のロバート・ゴードン・ワッソンは、セネカのある書簡に奇妙な一文を見つけました。それは、セネカがタマゴテングタケ（*Amanita phalloides*）の毒についてすべてを知っていたことを示していました。ワッソンは、クラウディウス帝はわずかに毒を盛られたどころか、他の人が普通のきのこを食べたのに、皇帝だけはタマゴテングタケを丸ごと食べさせられたと、セネカが暗に述べていると考えています。

死後、クラウディウス帝は神とされました。何年も経ってからスエトニウスが語ったことによると、ある人がネロに「きのこは神の食べ物だ」と言うとネロは「確かにな。私の義父はきのこを食べて神にされたのだから」と答えたそうです。

p.17 セイヨウタマゴタケ（*Amanita caesarea*）。
J.H.レヴェイエ『ポーレットの菌類図譜』、1855年。

Fig. 1. 2. 3. M.... *Hypophyllum cæsareum*

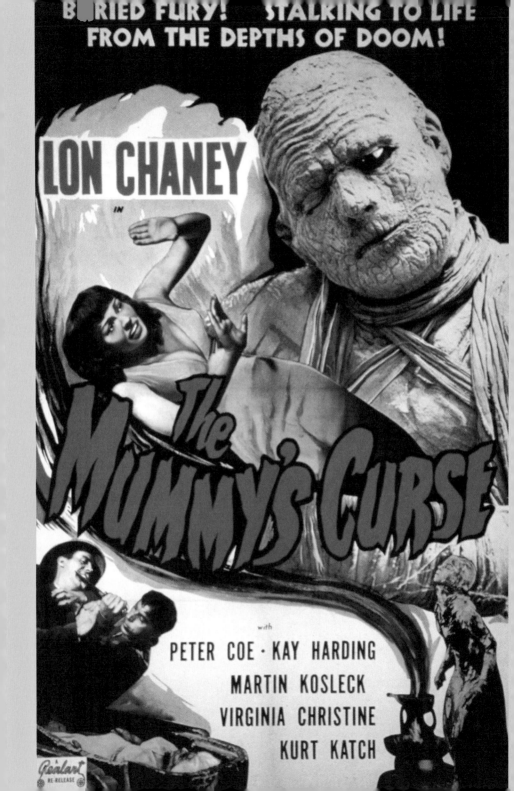

The mummy's curse
ミイラの呪い
Aspergillus Species

王の平安を乱す者には速やかに死が訪れる。

この言葉はツタンカーメン王の墓所の入り口にあった石板に書かれており、破滅を予言したと言われます。1922年11月、考古学者たちが発掘を行った時、彼らは上エジプトのシンボル、ハゲワシに囲まれました。そして下エジプトのシンボルであるコブラが、考古学者、ハワード・カーターのペットだったカナリアを襲いました。それでも彼は神意に逆らい、墓の封印を解いたのです。しかし4ヶ月後、調査隊のパトロンだったカーナヴォン卿がカイロで重病に倒れます。卿が息を引き取った時、カイロ全市が停電しました。イングランドでは、卿の愛犬が遠吠えをして倒れて死んでしまいました。1929年までに、墓の発見に関わった11人が奇妙な死を遂げたのです。

メディアは大騒ぎし、カーナヴォン卿の死は呪いのせいだとこじつけました。ハリウッドは「ミイラの呪い」という考えに取りつかれます。今に至るまで色褪せない魅力の言葉です。しかし、それこそが古代エジプト人が望んだことでした。何としても墓泥棒を思いとどまらせたかったのです。「呪い」という言葉は新聞が考え出したものでしたが、その発想は、当を得たものでした。

ハワード・カーターは呪いなど信じませんでしたが、馬鹿にもしませんでした。カーナヴォン卿の「何か見えるかい?」という問いかけへの彼の有名な返事は「はい、すばらしいものが」でしたが、カーターは十分古代の菌の胞子を懸念し、先へ進む前に墓の中の空気のサンプルと石棺の見本片を採取しました。それらが汚染されていなかったので、作業を進めたのです。その後の関係者の死因は様々で発掘と結びつけることはできませんでしたが、今なお呪いの噂の煙は上り続けています。

1973年、ポーランドで新しく発見されたカジミェシュ4世の王墓では、4日間に4人、さらにまもなく6人の研究者が命を落としました。王墓の中でアスペルギルス症を引き起こすアスペルギルス・フラブス（*Aspergillus flavus*）が見つかりましたが、検死は行われませんでした。現代の科学者たちは、それほど大勢の健康そうな人たちにそんな急激な作用を及ぼすようなことがあり得たのか、疑わしいと考えています。しかし1999年、微生物学者のゴットハルト・クラマーはミイラ40体を調査し、エジプト人の墓に生息する複数のカビを同定しました。彼は、墓が開けられると開口部からの風が病原菌などの微生物を巻き上げ、考古学者たちの耳・鼻・目などに感染するのではないかと言いました。他の微生物学者もエジプトの考古学調査現場でアスペルギルスの仲間（*Aspergillus*）の胞子3種類を発見し、現場労働者の感染症はアスペルギルス症と一致すると主張したのです。

今日、ミイラの呪いは逆方向に働いているようです。何百万人もの観光客の呼吸が湿気を運び、一緒に運ばれてきた別の菌が王家の墓の壁面を侵食してしまいました。壁面に黒く染みがつき、もろく崩れている以上、王墓を保存する唯一の答えは再び墓を永遠に封印することかも知れません。

p.18 映画『ミイラの呪い』のポスター（1944年）。

Lingzhi
マンネンタケ（霊芝）
Ganoderma lucidum

1596年の中国の古典『本草綱目』は、
6種の有色のきのこを「不老不死の仙薬」としました。

6種のきのこのそれぞれの効果は異なり、著者の李時珍は、定期的に摂取すると体重を減らして生命力を高め、「不老不死の仙人」ほどに寿命を延ばすと言っています。

「霊芝」という言葉は、1世紀の張衡の詩『西京賦』に初めて登場しますが、どれか1つの種に絞ったものではありません。今日、ほとんどの人はこの「神のきのこ」は種名としての霊芝（マンネンタケ、*Ganoderma lucidum*）だと考えています。

このきのこは実際には何十種もの通り名で知られています。「仙草」「生命の樹のきのこ」「森のセージ」「万年茸」などです。日本では、「吉祥茸」「首なしきのこ」「サルノコシカケ」とも呼ばれます。学名を*Ganoderma lucidum*（ラテン語で「輝く」を表す*gan*、「肌」を表す*derma*から）といい、木質のサルノコシカケの仲間で、表面に艶があることから「つや出しきのこ」とも呼ばれ、成熟した木の根元に生えます。

4,000年間、薬用にもスピリチュアルにも霊芝（マンネンタケ、*Ganoderma lucidum*）が利用され続けてきたという証拠はありませんが、不老不死のきのこという伝説はとても強く、神話と歴史を区別できません。一部の伝説は、このきのこを西王母や観音と結びつけてきました。観音像は霊芝を手にした姿で描かれることもあります。中国の四大民話の1つ、白蛇伝のいくつかのバージョンでは、白蛇夫人が、死んだ夫を甦らせようと盗み出した

魔法の薬草は、きのこの形をしていたとされました。

これらの物語が人間の長寿の探究と結びついても不思議はありません。伝説によると、中国初の統一王朝、秦（紀元前221〜206年）の始皇帝が即位を宣言する前のこと、齢1,000年の神仙が、彼を不思議な幸福の島へ連れて行ったといいます。島々は底なしの深海に隠れており、宙に浮かんでいますが仙人以外の目には見えないのです。島々を覆うのは魔法の木で、宝石の実がなり、石の形のきのこや不思議な生き物がそこにいます。島には透明の精霊が住んでいます。それは道教の神仙で、不死身の身体を得て人間の身体を捨ててしまったのでした。これらの精霊は毎日不老不死のきのこを食べて若さを取り戻し、島々を飛び回る力を手に入れるのです。

現実世界に戻って言えば、始皇帝は不老不死の仙薬を見つけること取り憑かれた多くの皇帝の1人でした。探索に3度失敗した後、始皇帝は方士の徐福を送り出しました。探索継続のため、子どもたちを満載した船団もつけましたが、誰も戻ってきませんでした。始皇帝は仙薬かも知れない薬を試して死んだともいわれます。そして、水銀の川が流れる地下の陵墓に、模擬の宮廷や軍団全体

p.21 霊芝（マンネンタケ、*Ganoderma lucidum*）。ジェイムズ・サワビー『英国産菌類・きのこ彩色図譜』、1795〜1815年。

Jan. 1. 1798. Published by J. Sowerby London.

Boletus lucidus

と一緒に葬られました。地下の川にまつわる彼の物語は伝説ですが、考古学者たちは始皇帝陵のそばに高濃度の水銀を発見しています。

　しかし残念ながら、始皇帝が不老不死のきのこを待ちながら飲んだ仙薬のいくつかは、水銀やヒ素などの毒物を含んでいました。一部の研究者は、不老不死のきのこの探求は実際には仙薬での中毒の解毒剤を探すものだったのでは、と言っています。

　前漢の政治家、東方朔（紀元前160〜93年頃）にも同じような話があります。しかし、彼が有名なきのこなど生命の実を探したというのは、最初に彼の話が語られ出した頃に誇張されたものでしょう。東方朔は生前から自分が不死身だと宣伝していました。彼の、不老不死の実がなるという宙に浮かんだ目に見えない幸福の島の物語は、明らかにもっと古い伝説を下敷きにしています。

　これらの物語に出てくるのは、どれも今日の霊芝ではないようです。20世紀初めの人類学者、ベルトルト・ラオファーは、本当の不老不死のきのこはハラタケ科のきのこで、「地面からの水蒸気を吸収する幸運な植物」ではないかと述べました。『黄帝内経』（紀元前300年頃）は霊芝を「小さなこぶ」と書いています。鉱物や化石、宝石、きのこなど魔法の物質の混合物だというのです。長期間摂取

すると、霊芝は「中流の」人間には数千年の、下級階層の者でも1000年の寿命を与えるとされました。しかし、これは理屈に過ぎません。そんな食材は皇帝以外の者は口にすることを禁じられていたからです。

　禁じられたために霊芝には謎がつきまとい、値段はずっと高いままです。今日、霊芝（マンネンタケ、*Ganoderma lucidum*）は伝統中国医学で高く評価され、チョウセンニンジンと同じくらいに位置づけられています。身体を温め、収斂作用があり、滋養強壮と解毒によいと考えられるため、ガンや心臓・腎臓・気管支の不調、肝炎、神経痛、不眠症の治療に使われてきました。この複雑な効果の範囲は従来の西洋医学からも見逃されることはなく、霊芝は近年病気治療の可能性をもつものとして研究対象となっています。

　霊芝はまるごと売られるものが最も価値が高く、市場では生も乾燥したものも流通しています。しかし、今日の霊芝のほとんどは衛生的な設備の下で商業的に栽培されたもので、その市場規模は25億ドルにものぼると言われています。今では誰もが、錠剤やサプリメント、アルコール飲料でまで、この不老不死のきのこを口にできるのです。

p.22 西王母の不老不死の桃の実を盗んだ東方朔。明朝の掛け軸、絹本。1368〜1644年頃。
右 『白蛇伝』の一場面。中国、19世紀末〜20世紀初頭。

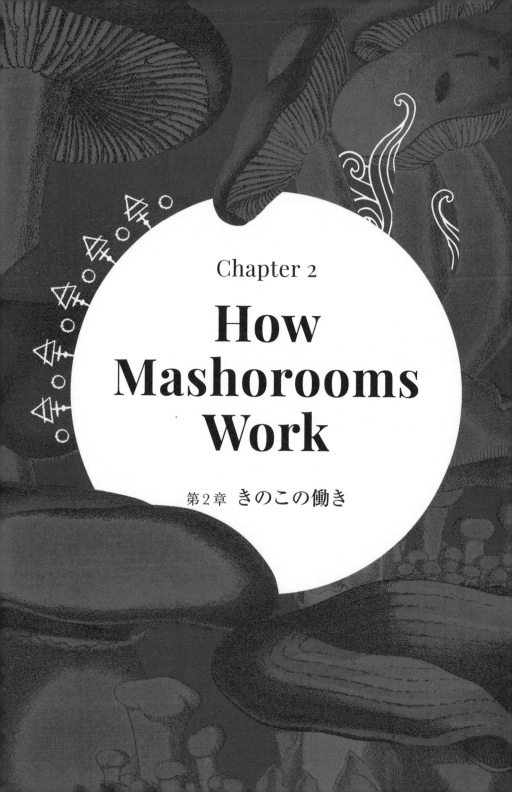

Chapter 2

How Mashorooms Work

第2章 きのこの働き

何千年もの間、科学者はきのこについて

まったくの謎だと考えてきました。

植物のように地面から生えるのに、

植物と違って、日光で自ら栄養を作り出すことができません。

かと言って、動けない以上、動物のはずもありません。

きのこは鉱物質の「大地のこぶ」ではないかという人もいましたが、

いまだかつて石が生きているなどと信じる人はほとんどいません。

きのこは植物界の片隅に追いやられ、

ようやく1968年になって、

独立した系統だと認められたのです。

ロバート・ホイッタカー（1920～80年）は菌類を
5つの生物界の1つにしてはどうかと真面目に提案した最初の科学者ですが、
そう考えたのは、彼が最初ではありませんでした。

　かつては、そうした意見も検討に値するかもしれないと考える人はほとんどいませんでした。今から1世紀前、エルンスト・ヘッケル（1834～1919年）が、動物界・植物界と、原生生物界（菌類・原生生物・バクテリアなど微生物などその他何でも）という、「生物三界説」を提案した時のことです。一方、1968年になると、ホイッタカーの「生物五界説」は広く受け入れられました。ただしそれも、DNAが発見されるまでのことでした。何がどの界に属するか、DNAは私たちの見解を変え続けています。現在、地球上に生物界がいくつあるか意見は分かれています。それでも、菌類独自の界があることに反対する人はいません。

　とは言え、これはとても広い分類で、酵母もカビもうどんこ病菌もきのこもすべてここに入ります。最も古い菌類は、単純な単細胞生物だったと考えられています。約10億年前、それらは「原始のスープ」の内容物として水中で生き、鞭のような構造の鞭毛で動き回り、無性の胞子（遊走子）で繁殖しました。菌類は約7億年前に陸上に進出したとされますが、研究の進展は速く、新発見が相次いでいます。現時点で菌類は220万～380万種類いると推測されるものの、人類が確認したのはそのわずか5％にも及びません。

　読者の多くは驚くでしょうが、菌類は植物より動物と共通する点の方がたくさんあります。たとえば、植物の細胞壁はセルロースでできていますが、菌類の細胞壁はキチン質を含み、これは昆虫や甲殻類の外骨格を形成する物質と同じです。実際、キチン質は人間の毛髪や皮膚のケラチン質と似ていなくもないのです。また、菌類は、動物と同様に養分をグリコーゲンとして蓄えますが、植物は養分を糖分にします。さらに、植物は独立栄養生物なので、エネルギーを光合成で作り出すことができますが、菌類は動物と同じく従属栄養生物、つまり、養分を他の有機物から得ます。菌類は実に多様な方法でこれを行います。カワラタケ（Trametes属）やヒラタケ（Pleurotus属）などの腐生菌は死んだ植物を細胞にまで分解して養分にします。違いとしては、動物が移動してエサを取り、口など何らかの器官を使って栄養を摂取し、それから酵素のある胃など内部器官で消化するのに対し、腐生菌は栄養源となるものの内部や周囲に生え、細胞の外に酵素を出して、有機物を外部で分解し、それから改めて細胞壁を通じて吸収し直すということです。時には、腐生菌は病気や枯れかけの植物にこっそり住み着いて、宿主の死を待つという博打に打って出ることもあるのです。腐生菌の中には、乾腐病菌（ナミダタケ、Serpula lacrymans）など信じられないほどの分解力を示すものもありますが、成長には酸素や水分、中性から酸性の環境、低温など一定の条件を必要とします。嫌気状態（無酸素状態）で発見された考古学的遺物、たとえば16世紀の軍艦メアリー・ローズ号の残骸などが分解されずに残っている理由の1つはこれです。分解のプロセスでは菌類が大活躍しますが、分解は地上のあらゆる生命にとって不可欠であり、私たちすべてが依拠する豊かな土壌を生み出してきたのです。

上 12世紀のアダムとイヴのフレスコ画。生命の樹は巨大なきのこに似ている。

生体栄養性の菌は、養分を得るために、他の生物と長期的関係を築きます。宿主の生命源を利用し尽くしてしまうものもありますが、そうでない菌は双方にメリットのある方法で働き、互いの存在を結びつけます。対照的に、死体栄養性の菌は宿主植物を殺し、養分を奪ってしまいます。

菌類はその生の大半を、地中や植物の内部など目に見えない闇の世界で過ごしますが、菌糸体によって成長し、活動します。菌糸体は細く枝分かれした管（菌糸）のネットワークで、土壌中で水分と養分を運びます。動物の細胞には核が１つしかないのに対し、多くの菌は多核質（複数の核をもつ）かつ多細胞であり、細胞間の専用の穴を通じて、細胞質（水分・塩分・タンパク質を高濃度で含む液体）が菌の各部を行き来できるようになっています。

この多細胞性の菌糸は菌根として働くこともできます。菌根は菌を植物の根と互いに共生できる関係で結びつけ、植物が光合成で作り出した炭水化物と、菌が森林の土壌から得た水分や養分を交換します。菌根は地中で何百kmも広がることがあり、意志疎通のシステムにもなっていて、これに他の生物が加わる場合もあります。菌根は土壌を固定し、不要物を除去し、養分を分配し、最後には自ら栄養になるのです。

人類が菌類で最もよくイメージできるのは、その生殖器官でしょう。きのこの子実体は全体のほんの一部でしかありませんが、胞子を作るには最重要です。胞子がまき散らされると菌の子孫が生まれるのです。酵母など多くの菌はあまり分裂しませんが、有性生殖も無性生殖もできる菌もあります。「受精」とは２つの細胞核が融合することで、それぞれの核にある染色体（DNAの入った糸のようなもの）は顕微鏡を使わなければ見えません。受精

で生まれた細胞が胞子を作り、これが新しく生まれる菌の生命の基本になります。顕微鏡で観察すると、これらの微小な生殖細胞が決して退屈な点々でないことが解ります。長さ0.003mmから裸眼で見えるサイズまで幅広く、菌類の胞子がどれほど多種多様かは驚くほどです。形は糸状、コイル状、枝状、球根状、あるいは貝殻や星や海洋生物に似た形まであり、ゼリー状の殻があるものや頭や尻尾などとは違う付属物があるものもあります。複数の細胞壁や仕切りのあるもの、外殻のあるものもあります。ぬるぬるしたもの、乾燥したもの、突起のあるもの、滑らかなもの、形は様々でもシンプルに地面に落ちやすくできています。色もあらゆる色があり、透明から黒、ピンク、茶色、紫、多彩多色のものさえあります。

菌類の２つの大きなグループ、子嚢菌門と担子菌門は、その胞子形成細胞を特別な拡散機構に隠しています。子嚢菌門の菌は子嚢という袋を作り、この中で作られた子嚢胞子を多様な方法で拡散します。あるものはピストルのように発射し、あるものはシンプルに無数の胞子をばらまきます。一方、担子菌門の菌は担子器（棍棒状の器官）の先端で胞子を作ります。担子器は菌の特定の部位に作られ、風やエサを食べに来る無脊椎動物を利用して胞子を拡散します。胞子を作る担子器は、多くの場合きのこの襞の表面に並んでいます。襞は傘の下にたたみ込まれた葉のような構造で、胞子が成熟して環境条件が発芽に最適になるまで保護しています。

人間が有史以前から魅了され、わくわくし、ときには恐れながら、料理したり、呪いに使ったり、魔法だと思ったり、物語にしたりしてきたきのことは、こういうものなのです。

p.28 カワラタケ（*Trametes versicolor*）。
アンナ・マリア・ハッシー『英国菌類図譜』、1847～55年。

きのこの部位名：傘型きのこの場合

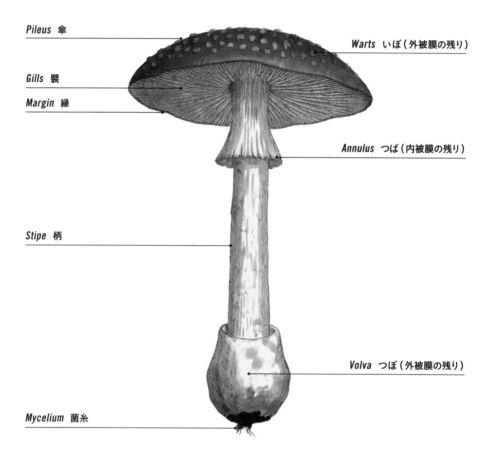

Pileus 傘

Warts いぼ（外被膜の残り）

Gills 襞

Margin 縁

Annulus つば（内被膜の残り）

Stipe 柄

Volva つぼ（外被膜の残り）

Mycelium 菌糸

　何世紀もの間、人間は子実体がきのこの「本体」だと思っていたので、大半の民話が「目に見える」きのこについてのものです。きのこは種類が多く見た目も様々ですが、多くはよく似た性質を持っています。

菌糸

ずっときのこの「根」だとおもわれてきた菌糸は、今ではきのこという生物そのものであるということが分かっています。枝分かれした菌糸体（糸状の管）は何百kmも伸びることがあります（通常は地中で）。菌糸は栄養を運び、感受性があって栄養源や共

生生物の方に移動し、競合する菌を絡め取ったり攻撃したりすることさえできます。子実体は、様々な部位になれるこれらの菌糸細胞からできており、最終的には新しい次世代の菌糸と子実体を作り出します。

傘

傘はうんと凹んだものからうんと突出したもの、時にはほとんど円錐のようなものまで形が様々で、色も多様です。きのこが熟すと色が変わることもあります。

柄

すべてのきのこが有柄（柄のある菌）ではありません。柄で傘と襞を支えて保護し、胞子をより効果的に拡散するため地面から持ち上げているきのこばかりではないのです。子実体の他の部位と同様、柄も生殖能力のない菌糸でできています。柄は中空のものも詰まったものもあり、筋張ったものも軟らかいものもあります。しかし、そのきのこが有毒か無毒か、柄の特徴からは解りません。

外被膜

襞のあるきのこは、未熟な間、子実体全体を膜組織で包んでいることがよくあります。この膜は子実体が成長すると裂けたり割れたりし、その細胞の構造によって、成熟した子実体に様々な形やパターンの残骸を残します。ベニテングタケでは、外被膜は粉状のいぼになります。いぼは最初は全体が結合していて、トゲのある卵のようなカバーになっています。きのこが膨らんで高さも伸びると、外被膜はばらばらにちぎれて小さないぼになり、その一部が柄の根元にくっついたり、傘に残って見た目をまだらにしたりします。

つぼ

つぼは外被膜の残骸で、ゴムのようだったり膜らしさが残ったりしています。外被膜がいくつにも分かれずに裂けて、中から成熟したきのこが突き出てくると、破れた袋構造が基部に残り、つぼになるのです。

つば

柄の半ばや下から4分の3ほどのところにあり、内被膜の一部が残ったものです（ときにリング状となり、ときに柄と傘の縁につながっています）。つばは内被膜が裂けて残ったものです。子実体によっては、つばはもっと大きくスカートのようになり、バレリーナのチュチュのようにひらめいたり、柄の線に沿って鞘状になったりします。繊細なレースのようになるもの、半透明のもの、網状のもの、中身が詰まって分厚く筋っぽいものもあります。

内被膜

きのこが成熟し、胞子を散布するまで襞を覆う薄い膜です。

襞

襞は傘の中心から放射状に伸びた肋骨状の構造で、きのこの傘を裏から支えています。襞の表面には胞子を作る担子器という細胞が並びますが、襞構造によりこれらの細胞が互いにぶつからないように守り、胞子散布を助けます。襞は傘の裏に密、あるいは疎に並び、形は襞状、脈状、畝状、時に襞のないものもあります。

胞子

きのこの胞子には生殖に必要なすべてが入っています。胞子は襞から射出されることもあれば、昆虫など他の生き物に運んでもらうこともあります。空中に飛び出した胞子は気流によって運ばれます。

AからBへ：子嚢菌門（Ascomycota）から
担子菌門（Basodiomycota）とその先へ

菌類の主要なグループ（門）のうち、大半は見ることができません。土壌中に暮らし、デトリタス（有機堆積物）を分解するもの、あるいは顕微鏡サイズの寄生菌類、ヒツジのような植物食動物の消化管に住む菌類もいるからです。それ以外では2つの門が特に人類と深い関係にありますが、菌類の世界には変わりモノがいるのも常です。

普通に見られる子嚢菌門の仲間は、ときに突飛で奇妙な形をしています。この門の菌にはトリュフやアミガサタケなどがあり、際立った芳香で胞子を散布してくれる動物を惹きつけます。でもご注意を。この門には最初の抗生物質になった青カビ、*Penicillium*も含まれます。一方、担子菌門にも多様なグループがありますが、いわゆるマッシュルームが最もよく知られています。しかし、これも子実体のタイプによってさらに細かく分類されます。

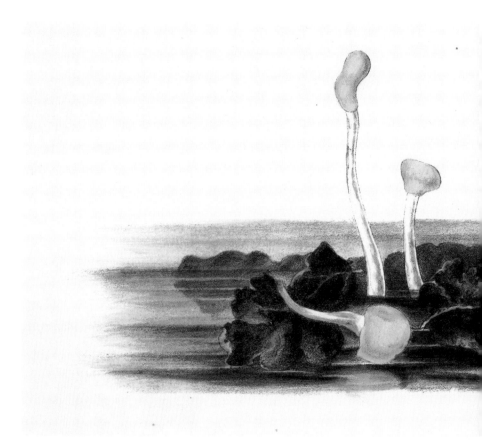

襞をもつきのこ、いわゆる「マッシュルーム」

　菌類の大きなグループで、このきのこ（担子菌門）はあらゆる色と形のものがあります。襞に多くの担子器（ラテン語を直訳すると「小さな台」）を持つものが多く、そこで胞子を作ります。ハラタケ目のきのこは通常、傘と襞と柄を持つ肉質の子実体を作ります。世界中で見られ、通常は草地や森林を好みますが、様々な環境に生息し、水中で繁殖するものもあります。水生の襞をもった担子菌類は、2005年、オレゴン州のロウグ川でロバート・コファン教授が発見したナヨタケ属の仲間（*Psathyrella aquatica*）が今のところ唯一と思われますが、菌類の世界の発見がすべてそうであるように、これも似たような生態をもつ種が他にも見つかるかも知れません。

　アカヤマタケの仲間（*Hygrocybe* spp.および関連する属）はハラタケ目でも最も色鮮やかな仲間で、真紅やショッキングピンク、黄色、オレンジ色、薄いピンク、白、薄緑、濃い黒など輝くばかりに多彩です。

下　カンムリタケ（*Mitrula paludosa*）。子嚢菌門の一種。アンナ・マリア・ハッシー『英国菌類図譜』、1847～55年。

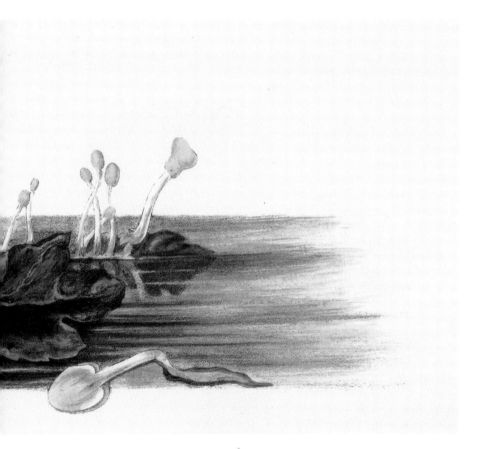

アカヤマタケの仲間は古代ヨーロッパの草原で繁栄しましたが、荒れていない農地や水辺の路傍、邸宅の庭のように、長年根づいた芝生の中にも生えます。北米ではよく森林で見られますが、一度土地が荒れると、再生に数十年から何世紀もかかるものがあり、多くが絶滅危惧種とされています。他にこの目のきのことしては、ササクレヒトヨタケ（*Coprinus comatus*）、モエギタケの仲間のブルー・ラウンドヘッド（*Stropharia caerulea*）、ムラサキフウセンタケ（*Cortinarius violaceus*）、ベニテングタケ（*Amanita muscaria*）などがあります。

棚型きのこ（サルノコシカケ類、多孔菌類）

見た目は「普通の」きのこと全く違いますが、棚型きのこも担子菌類です。通常、木の幹や枝から生え、ちょっと棚の支え金具に似た肉厚の部分で支えられています。サルノコシカケ類のほとんどは木の中に生え、既に働きを止めた木の芯を栄養にします。目に見えるのは子実体だけですが、わずかながら土の中で生きるものもあり、木の根につながる菌根を形成します。サルノコシカケ類の肉厚の下部には何千もの小さな管や穴があり、普通のきのこのような襞はありません。サルノコシカケ類は地球にとって非常に重要です。木の丈夫な木質であるリグニンを分解できるのはサルノコシカケ類だけだからです。サルノコシカケ類はリグニンを、広く他の生物が栄養として利用できるようになるまで分解するのです。私たちはそれを「腐る」と言いますが、腐敗がなければ、地球は枯れ木だらけになるでしょう。しかし、この菌の困った面は、まだ

生きている樹木や、人間が使用中の木材まで分解し、木を死なせたり木材を傷ませたりしてしまうことです。一部のサルノコシカケ類は非常に古い森林にしか生えないため、森林の年代判定に使われます。人類にとって、サルノコシカケ類の用途は多種多様で、火口から帽子、食料から薬にまで利用されてきました。たとえばチャーガ（カバノアナタケ、*Inonotus obliquus*）はがん細胞の増殖を抑制し、人間の免疫機構を活性化することがわかっています。

他のサルノコシカケ類には、アイカワタケ（*Laetiporus sulphureus*）、コカンバタケ（*Buglossoporus quercinus*）、カワラタケ（*Trametes versicolor*）、アミヒラタケ（*Cerioporus squamosus*）などがあります。

椀型きのこ（盤菌類）

これらのきのこは、子嚢盤という小さなお椀型の子実体を作るので、通常、子嚢菌門の子嚢菌類と呼ばれます。この小さなお椀には、拡散条件が整うまで胞子が保存されており、多くは空気中に射出する方法で胞子を分散します。気象条件が合えば、ほんのわずか風を受けただけで胞子を放出するのです。このような椀型きのこはどんな環境にでも生えます。動物の糞、ビーチの砂浜、枯れた植物、湿っぽい森の中などどこでもですが、多くは柔らかく肉厚で、乾燥には弱いです。死んだ生物を利用するものがほとんどですが、一部は菌根で共生したり、内生菌類（エンドファイト）として植物の内部に住み着いたりします。

子嚢菌の例としては、ベニチャワンタケの仲間であるスカーレット・エルフカップ（*Sarcoscypha austriaca*）やウスベニミミタケ（*Otidea onotica*）テングノメシガイ（*Trichoglossum hirsutum*）、アラゲコベニチャワンタケ（*Scutellinia scutellata*）などが挙げられます。

p.34 担子菌の1種、ムラサキフウセンタケ（*Cortinarius violaceus*）。
アンナ・マリア・ハッシー『英国菌類図譜』、1847～55年。

腹菌類

腹菌類はすべてが同じ科、あるいは目でさえありませんが、同じような生殖戦略を持つ菌類です。共通点の1つは、襞や穴から自分の力で胞子を射出することができないということです。その代わり、彼らは天才的な方法を進化させました。自然界でも最も美しく奇妙な形、すなわちホコリタケ形の子実体です。丸く、しばしば純白の、胞子の格納部で、サイズは数mmから差し渡し1.5m以上まで様々です。一部のものは小さな穴があって、衝撃を受けるとそこから煙のように胞子を放出します。衝撃は、動物が通り過ぎたとか、雨粒が1滴落ちたなどの軽微なものでも構いません。またあるものは、成熟すると皮膜が裂けて胞子が飛びます。

その姿から「鳥の巣きのこ」と呼ばれる菌は、胞子の入った小さな卵状の小塊粒がお椀に入ったような形です。雨粒がお椀に降りかかると、これらの「卵」が弾け飛び、近くの植物にくっつき、胞子を散布します。また別の腹菌は、動物を惹きつけ、食べてもらい、結果糞に入り込んで胞子を分散します。最も変わっているのはスッポンタケの仲間（*Phallus* spp.）でしょう。これは、胞子入りのグレバと呼ばれるとても臭い（人間にとって）液体を作ります。この液体が子実体の先端についているのです。普段は糞便や死骸をエサにしているハエたちがこのグレバに惹きつけられますが、ここで過ごす時間はわずかです。それでも、ハエたちが次のエサを求めて飛び立つ時には、6本の足すべてにねばねばした胞子がついています。ハエはエサが無償ではなかったことを知らないまま、胞子を散布するのです。

この仲間には、ホコリタケ（*Lycoperdon perlatum*）、スジチャダイゴケ（*Cyathus striatus*）、ヒメカンムリツチグリ（*Geastrum quadrifidum*）、カゴタケ様の形をしたレッド・ケージまたはラティス・フンガス（*Colus hirudinosus*）、キヌガサタケ（*Phallus indusiatus*）などがあります。

Lichen
地衣類

地衣類は地上で最古の生物の1つで、
魚類と同時期の約4億5,000万年前に生まれたと考えられています。
しかし、今なお完全には理解できていません。

地衣類研究者にとって、特にイギリス諸島のような思わぬ場所での新種発見は、まだ可能性はあるものの、どんどん難しくなっています。理由は簡単、汚染です。地衣類は、長く、環境問題のカナリアと考えられてきました。丈夫なものも多いですが、きれいな空気を必要とする種類があり、空気が汚れると最初に死んでしまうのです。

地衣類は生物界を超える生物です。菌類と藻類、シアノバクテリアなどと組み合わさって共生するからです。すなわち菌類が、藻類やシアノバクテリアなど光合成生物に安全な環境を与える、その見返りに光合成生物が光合成で糖分を作り出し菌類に与えるのです。菌が光合成生物を育てることから、この関係は農業に例えられてきました。地衣類は着生するだけで他の生物に寄生はしません。宿主にくっついて生えるのです（無機質を取り込むことはあります）。着生先には何でも喜んで利用し、枯れた木や岩、屋根、洗車していない車に生えることさえあります。

地衣類は高さがなく、「皮」のように見えることがよくあります。虹色で樹皮や岩の表面などに生えますが、枝や巻きひげが老人のひげのようにもじゃもじゃになることもあります。サルオガセ属は世界中で多くの名前があり、「マーリンのひげ」「魔女のほおひげ」「魚の骨状のひげ」「木のふけ」「山の海草」などと呼ばれます。中国では、半ば伝説的な思想家、老子（紀元前4〜6世紀頃）にちなんで、ヨコワサルオガセ（*Usnea diffracta*）を「老子のひげ」といいます。老子は母の胎内で62年も過ごしてから、ひげが伸び放題で生まれてきたという言い伝えがあるからです。

地衣類は世界中どこにでも生えますが、最も多様な種類が見られる場所の1つはスコットランドです。湿度が高く、晴れた日が少なく、低く雲の垂れ込める日が続き、気候はまずまずで人口は少ないという、彼らにとって完璧な生息条件のお陰です。地衣類はスコットランドの海辺、湖畔、森、泥炭地や山地で繁栄し、色もカラフルなので、地元の人が気づかないわけがありませんでした。シェットランドやヘブリディーズ諸島、ウェールズなど、他のよく似た地衣類天国でもそうです。何世紀もの間、農民が岩から地衣類を剥ぎ取り、大釜で茹でて、多彩な染料として利用してきました。これらは現在も使われています。最も有名な用途はハリス・ツイードでしょう。あのソフトで複雑に混じった色合いはスコットランドの地衣類のものなのです。イングランドのダートムアにも、地衣類の染料の長い伝統があります。ここも寂しい場所で、高原の湿地は1,000年間ほとんど自然の生物しか

p.37 ベアード・ライケン（*Usnea hirta*）とウィッチス・ベアード（*Usnea florida*）。ゲオルク・フランツ・ホフマン『地衣類と呼ばれるリンネ分類隠花植物の概説』、1790〜1801年。

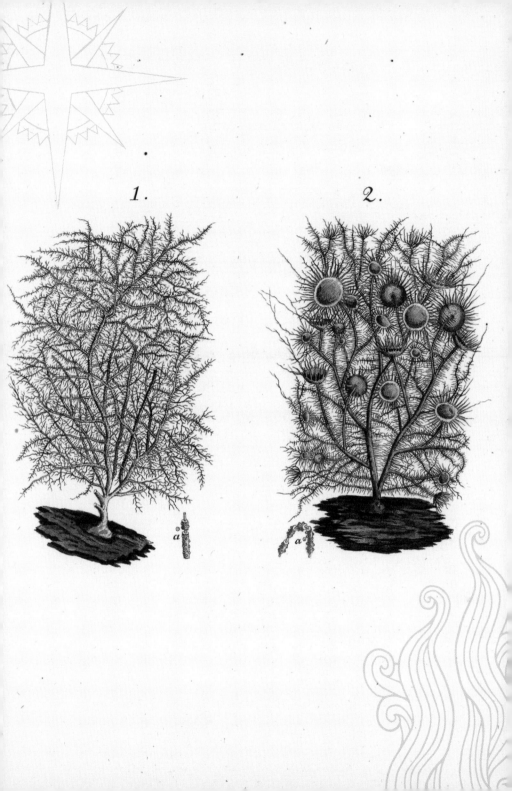

1.

2.

a

a

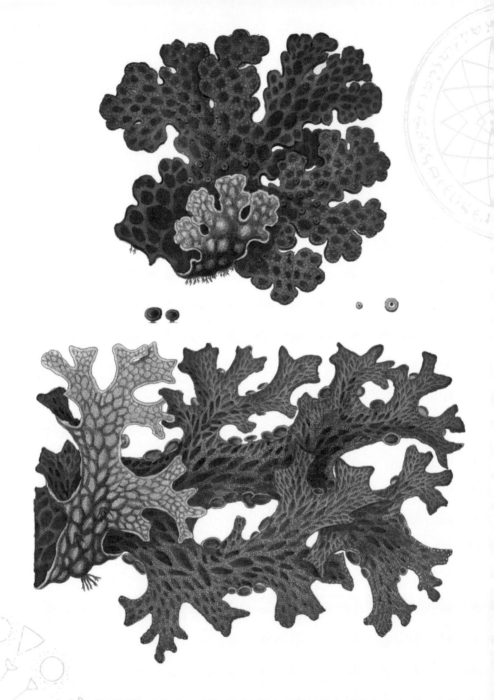

地衣類2種。*Lobarina scrobiculata*と*Lobaria pulmonaria*（コナカブトゴケ）。
ゲオルク・フランツ・ホフマン『地衣類と呼ばれるリンネ分類隠花植物の概説』、1790～1801年。

いませんでした。

　最初のクリスマス・ツリーの飾りは地衣類だったのではないかと言う人もいますが、どの種類だったか意見は様々です。カナダの先住民族、ギックサン族にとっては、*Lobaria*属の地衣類（ラングワート）は健康と長寿を願う儀式に使うものでした。他の部族は、地衣類を媚薬にしたり「透明人間になる」方法に使ったりしたようです。商用では、地衣類は歯磨き粉や香水に使われます。

　サルオガセ属は「薬屋のひげ」と呼ばれたりする通り、傷薬や一般的な滋養強壮剤、百日咳の治療薬などに使われてきました。中世に説かれた「特徴説」では、不調は、患部や病状と外見の似た天然のもので治せるとされたので、サルオガセ属は頭皮やふけ、ハンセン氏病に効くと考えられました。コナカブトゴケ（*Lobaria pulmonaria*）は少し人間の肺組織に似ているので、気管支の病気によいと見なされました。灰色のカラクサゴケ属の地衣類（クロットル）は、もっと陰気な「頭蓋骨の地衣類」という名前で知られています。死体の頭蓋骨に生えることがわかり、てんかんの治療に効果があると思われたのです。イヌツメゴケ（*Peltigera canina*）は犬歯のようなものが裏側に伸びるため、犬の噛み傷に塗りました。狂犬病を治せるという、より楽観的な見方もありました。

　地衣類はその抗生物性・抗菌性・抗炎症性・抗ウィルス性・抗ガン性・抗酸素性などから、民間治療では、服用したり患部に塗ったりしました。その薬効が研究され、有望な結果が出ています。研究は始まったばかりですが、科学が、これまで何世紀も続いてきた習慣に目を向け始めたわけです。しかし、地衣類の治癒能力が新しい治療に使えたとしても、ある種類は過酷な環境で繁栄する

一方、別の種類は汚染に敏感で、気候変動で絶滅してしまうかも知れません。

　地衣類は大小の生物の栄養分となり、生態系で重要な一部となっています。カタツムリやチョウから、鳥、リス、ラクダ、カニまで、動物界は地衣類を必要とします。トナカイは長い冬、深い雪を掘ってハナゴケ（*Cladonia rangiferina*）で命をつなぎます。1頭が毎日3～5kgも、この貧弱なかさかさのエサを食べますが、それでも生き延びるのにぎりぎりの量です。

　さて、地衣類は非常に長命で、何百年も生きるものがあります。季節ごとに乾燥に耐え、また水分を含み直して、栄養のない時期を生き延びるのです。しかし、極端な気候変動には耐えられません。近年の山火事、特に2021年の山火事は、カリフォルニア州（皮肉にも公式に州の地衣類を定めているアメリカ唯一の州）の固有種、レース・ライケン（*Ramalina menziesii*）などの地衣類に深刻な脅威となりました。この炭鉱のカナリアは静かに忘れられつつあり、私たちの中でそれに気づいている人はほんのわずかなのです。

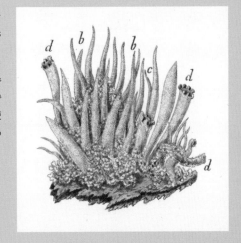

右　コフキツノハナゴケ（*Cladonia cornuta*）。ゲオルク・フランツ・ホフマン『地衣類と呼ばれるリンネ分類隠花植物の概説』、1790～1801年。

Chapter 3
Great Minds
Fungi Folk and Their Lore

第3章
きのこの達人 きのこの伝承と伝説

古代ギリシャの悲劇作家のエウリピデスや

生物学者のテオプラストスから、

作家・画家のビアトリクス・ポター、

作曲家のジョン・ケージに至るまで、

人間は菌類の世界に目を見はり、

しばしば取り憑かれたように魅了されてきました。

ただ私たちが、多くの偉大な菌類学者の

名前を知ることはないでしょう。

きのこを探し回って採集し、調査し、

試行錯誤を繰り返して研究してきた彼らは、

純粋にアマチュアの研究家だったからです。

最も有名な人々でさえ、

その選んだ研究テーマと同じようにまだまだ謎が多いのです。

「菌類学」という言葉が作られる何千年も前、大プリニウス（西暦23〜79年）は、
トリュフなど一部のきのこは食用にとてもいいと認めながらも、
その著『博物誌』では、きのこに疑いの目を向けました。

　イタリアの植物学者、ピエール・アントニオ・ミケーリ（1679〜1737年）は、その著『植物の新しい属』で初めて、900種ほどの菌類と地衣類について記述しました。貧しい育ちだったミケーリは、「もっとよい教育を受けた」同時代の人々から、必ずしも正当に評価されていたわけではありません。彼はスライスしたメロンで胞子の実験をして、菌が地面から自然発生するのではなく、胞子で繁殖することを発見しました。ところが、彼の意見は、たいてい研究者仲間からは無視されたのです。

　他の多くの聖職者と同様、マイルズ・ジョゼフ・バークリー司祭（1803〜89年）も熱心なアマチュア植物学者になりましたが、彼はついに新しい学問に名前をつけることにもなります。乏しい牧師の俸給で生活と研究をしたバークリーは、ウィリアム・フッカー卿の『英国植物誌（The British Flora）』（1830年）のために約6,000種もの菌類を解説しながら、「菌類学」という言葉を編み出したのです。彼は特に、ジャガイモ疫病菌（Phytophthora infestans）など、農作物に被害をもたらす菌類に関心を持ちました。この菌は現在、菌類ではなく卵菌類に属し、サビ病やうどんこ病と同様の植物病原菌の一種だと考えられています。バークリーは9,000種を超える多くの植物標本コレクションを作成しました。これが現在も王立植物園キューガーデンに保管されているのです。

　しかしもちろん、菌類学者全員が聖職者だったわけではありません。アンナ・マリア・ハッシー（1805〜53年）は教区司祭の家庭に生まれて、自分も教区司祭と結婚しましたが、司祭の身辺の世話より菌の研究や絵図作成の方がずっと好きでした。ハッシーは友人だったバークリー司祭の、

標本となる植物見本採集に貢献し、他の人の本に名前を出さずに挿絵を描いただけでなく、自分でも傑作『英国菌類図譜：興味深い菌類と固有新種の図と解説つき』を著しました。第1巻は、90種の優れたカラー図版が載っていましたが、それだけではなく、菌類の採集と研究についてのハッシーの意見や考えの概要でもあったのです。彼女は採集方法のアドバイスもしており、それには肌身で知った苦い経験が表れています。「何より'かご'が必要です。研究者がかごを持たずに家を出たなら、その時こそきっとすばらしく珍しい種類がどっさり、行く手に溢れ返っているでしょう」。第2巻は彼女の死によって中断されましたが、死後の1855年に出版され、やはり50種のすばらしい図版が掲載されています。

　ハッシーは一流の菌類学者数人とやり取りしていました。その1人がモーデカイ・キュービット・クック（1825〜1914年）で、その名と同じくらい興味深い生涯を送った人です。彼以前の多くの菌類学者と同様、クックもあまり教育を受けられませんでしたが、彼に植物学・数学・外国語を教えてくれた叔父からの支援がありました。彼は弁護士の事務員、教員、ジャーナリスト、キューガーデンの菌類学者、東インド会社博物館の学芸員など、様々な仕事を様々な時にしてきました。そして、常に請求書に苦労しながらも、着実に本を出しました。子ども向けの教養書、『マットおじさん』シリーズなどで

p.43 J.サワビーの描いた、「フリンジド・ソーギル・マッシュルーム（Lentinus crinitus）」の細密な図。M.J.バークリー司祭がリンネ協会に出した論文より。1845年2月18日付け。

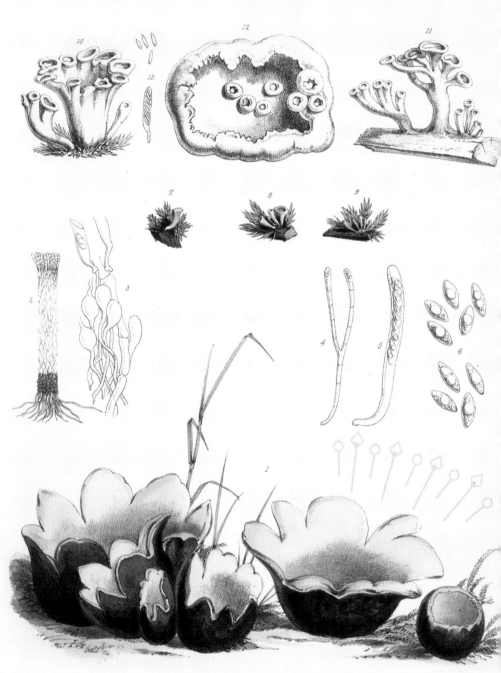

す。しかし、彼自身の情熱の対象は菌類学でした。

『眠りの7人姉妹』(1860年)は最初の「幻覚きのこ」の本だという人もある本で、続いて『英国菌類の平易な解説』(1862年)、『食用きのこと毒きのこ』(1894年)が出版されています。1881年発行の『英国菌類(菌じん類)図譜』は、バークリー司祭の娘で自身も菌類学者として評価の高いルース・エレン・バークリーが挿絵を描きました。

植物学は女性に許容される娯楽とされましたが、特に19世紀のアメリカでは、菌類学はおよそ女性向きでないと考えられていました。ボルチモアに住むメアリー・バニング(1822〜1903年)の近所の人々は、「毒きのこのご婦人」がねばねばした怪しげなきのこでいっぱいのかごを手にトロリーバスに乗るのを見ては、頭がおかしいと思ったものです。実は彼女は、州内のきのこ全種類を記録するという職務を果たしていたのですが、父の没後、バニングは母や姉たちを養うため教師として働かなければなりませんでしたが、夢を忘れたことはありませんでした。20年近くもかけて、彼女はごくわずかな自由時間に、苦労して『メリーランド州の菌類』を執筆したのです。

しかし、世間の人はきのこを信用しませんでしたし、きのこに情熱を傾ける女性などさらに問題外でした。研究者社会でさえ、バニングは劣等感を味わわされました。菌類学での「友人」となったのはただ1人、ニューヨーク州の植物学者、チャールズ・ホートン・ペック(1833〜1917年)だけでした。2人はずっと手紙のやり取りをしていましたが、会ったことはありません。1888年、バニングはペックに原稿すべてを送りました。その原稿には175種の菌類の手描き水彩画とそれぞれの説明があり、新種23種も含まれていました。彼女はペックに査読してもらってから出版したかったのです。しかし、その後、彼女は何度もペックに原稿について意見や感想を求め続けることになります。ペックがなぜ

p.44 リンネ協会会報で発表された
M.J.バークリー司祭の論文の地衣類と菌類。1845年。
シダー・カップ・フンガス(*Geopora sumneriana*)他。

返事をしなかったのか、わかっていません。

1903年、バニングは安下宿で息を引き取り、彼女の原稿はそのままニューヨーク州立博物館の植物標本室に眠っていました。1910年代に菌類学者のハワード・ケリーが原稿に目を通しましたが、また放っておかれ、1980年代に学芸員のジョン・ヘインズが引き出しで見つけたのです。ヘインズはその美しさと知識の豊かさに度肝を抜かれました。ついにバニングの仕事が認められたのです。しかし今なお、彼女の本は出版されていません。

菌類学を唱えた人々の大半は、生物学の視点から菌を研究しました。しかし、ヴァレンティーナとロバート・ゴードン・ワッソン夫妻は、人間との関わりという別の面からこの世界に関心を持ちます。

ロバート・ゴードン・ワッソン博士(1898〜1986年)は、モンタナ州グレートフォールズで生まれました。10代の大半をヨーロッパで過ごし、様々なキャリアをたどる中で、考古学・経済学・言語学を学び、ジャーナリストとして働いた後、銀行家になりました。しかし、本当の情熱は、1926年、ロシア人の医師、「ティナ」ことヴァレンティーナ・パヴロヴナ・グエルケン(1901〜1958年)に出会って結婚した時に生まれます。新婚旅行でキャッツキルズ山地を歩いていた時、ゴードンは、ティナが突然跪いて路傍のきのこにかけよったことに驚きます。彼女がそのきのこをスカートいっぱい摘んでロッジに持ち帰り、きれいにしてから料理して食べたことに、ゴードンは震え上がります。彼は断固としてこの怪しすぎる晩餐に加わるのを断りました。翌朝には自分は男やもめになってしまうに違いないと言ったことは有名です。しかし、伝統的にきのこ狩りをする習慣のあるロシアで生まれたティナは夫を説き伏せ、きのこは面白く、研究する価値のあるものだと意見を変えさせたのです。

夫妻は幅広い経験と能力を積み重ね、人類学の新たな将来図を描きました。そこには考古学・分類学・比較宗教学・民俗学、それに美術や文学も含まれていたのです。さらに、彼らは個人的経験も付け加えました。きのこを愛する文化の中で育ったティ

ナの子ども時代と、その対極の「菌類を嫌悪する」アメリカで育ったゴードンの思い出です。

1952年、夫妻は詩人のロバート・グレイヴズに励まされ、メキシコのオアハカ州に住むマサテコ族のきのこを用いた儀式に的を絞り始めます。ウアウトラ・デ・ヒメネスという小村のクランデーラ（先住民族の治療師）、マリア・サビーナ（1894〜1985年）が、夫妻にシビレタケ属のきのこと、部族に伝わる民間治療・宗教儀式での使い方を教えてくれました。1955年、ゴードン・ワッソンとその友人は、「聖なるきのこの真夜中の秘法の儀式」に参加した初めての外部者となります。1日か2日後、ティナも同じ経験をしました。

しかし、その「秘密」は長くは守られませんでした。ゴードン・ワッソンは有名なライフ誌で自分の経験を『魔法のきのこを求めて』という記事にし、一夜にして知らぬ者のない有名人になったのです。ライフ誌発売の6日後、今度はティナ・ワッソンの記事『私は聖なるきのこを食べた』がジス・ウィーク誌に載りました。これは、シビレタケ属が治療に使えるのではないかと示した初期の例の1つです。しかし、1950年代のアメリカは、男性が「先住民族の女性」によって魔法のきのこの儀式に招かれることは完全に楽しみ、心地よい刺激とさえ受け止めましたが、アメリカの「既婚女性」が参加するには早すぎました。ヴァレンティーナ・ワッソンは科学者であり、夫婦共著の力作『きのことロシアと歴史』全2巻の主な執筆者でしたが、今日でも、賞賛を受けるのはたいてい夫のゴードンなのです。

画期的で網羅的な大作『きのことロシアと歴史』（1957年）は、菌類の民間伝承・文学・美術・文化を探求し尽くし、「民族菌類学」という新たな学問を生みました。また、ワッソン夫妻はそれまで誰も気づかなかったことも指摘しました。世界はきのこへの態度で2つに大別されるということです。きのこ好きの「mycophiles」はロシア人、東ヨーロッパ人、カタルーニャ人で、一方きのこ嫌いの「mycophobes」はギリシャ、ケルト、スカンジナヴィア、それにアングロサクソンの文化なのです。

ヴァレンティーナ・ワッソンはガンのため1958年に亡くなりますが、ゴードンは2人の研究を続けようと決心しました。研究継続のため、彼は1963年に銀行を辞め、1967年にロジャー・ハイム博士と『メキシコの幻覚作用のあるきのこ』、1969年にウェンディ・ドニガー・オフラハティ博士と『聖なるきのこソーマ』を出版しました。今日知られている菌類の伝承のほぼすべては、ゴードンとティナ・ワッソンか、彼らの民族菌類学の足跡を直接辿った人物によって収集されたものなのです。

しかし、マリア・サビーナの方は不幸でした。人里離れた彼女の村は、1960年代にヒッピーたちがまず押しかけて心ならずも名所にされ、続いて観光客が彼女の「子ども」（きのこのこと）を強奪していきました。彼女はきのこを常に病人を癒やす薬と見なしており、快楽主義的ライフスタイルの種にするつもりなどなかったのです。それなのに、シビレタケ属を摂取し、裸で狂ったように村中を暴れ回る観光客が、自分たちの文化を全く尊重しないことに恐れをなしたサビーナの村の人々は、西洋人に「汚染」されたのはサビーナのせいだと咎めて、彼女の家を燃やしてしまいました。そしてメキシコ警察は、彼女を麻薬密売人扱いしたのです。軍が村人以外には村を閉ざして、やっと地域社会の傷は癒え始めたのでした。

後にゴードン・ワッソンは、儀式を世界に知らしめたことへの自責の念を明らかにしましたが、マリア・サビーナには遅すぎました。彼女は1985年、一文無しで亡くなったのでした。しかし希望はあります。シビレタケ属に含まれるシロシビンの治療効果に関する多数の研究が、長期のガン患者に見られる不安や抑うつを軽減する効果を証明し始めているからです。マリア・サビーナはずっと正しかったと、ようやく証明されるかも知れません。

p.47. 和名：マツカサモドキ。
M.C.クック『英国産菌類図譜』より、
ルース・エレン・バークリー挿画。1881年。

AGARICUS *(AMANITA)* STROBILIFORMIS *Fries.*
on the ground. (*near King's Lynn.*)

Penicillin
ペニシリン
Penicillium

どこの学校に通う子どもでも、1928年の幸運な日のことを教わります。
アレクサンダー・フレミングは休日明けに職場に戻って、置き忘れていた
バクテリア培養ペトリ皿一面にアオカビが生えてしまったのに気づくのですが、
そこで、さあ魔法の呪文！ペニシリンが発明されたのです。

この映画のようなエピソードは、夢の発見まで長年流された血と汗と涙を省いているため、その過程のより豊かな物語が失われています。

アオカビ（*Penicillium*）は人類誕生からずっと共にありました。誰もが「抗生物質」という言葉を口にするようになる何千年も前に、古代エジプト人の医師は治療効果に気づき、カビの生えたパンで作った湿布を傷口に貼っていたのです。中国・ギリシャ・ローマ・セルビアの医師も、同様の効果に気づいていました。

薬草学者のジョン・パーキンソンの著書『植物の劇場』（1640年）を読んだパン屋は、確かにパンに少しカビをつけると速く発酵することを思い出しました。カビたパンは欧米全域で民間薬に使われましたが、ケベックの田舎ではカビたジャムの方が好まれました。研究者のフランク・ドゥーガンは、1950年代、サンデー・タイムズ紙に、藁やチーズやリンゴや皮など、カビの生えたあらゆるものを利用する民間療法の記事が載ったと書いています。カビは食品由来だけとは限らず、教会の墓地で採ったカビは特に効力が高いと考えられていました。

科学の世界で、バクテリアがアオカビの周りでは繁殖しないことに最初に気づいたのは、イギリスの菌類学者、ジョン・バードン・サンダーソン（1828～1905年）です。ジョゼフ・リスターやルイ・パスツールなど、ヨーロッパ中の科学者がこの現象を研究しました。1897年、フランスの軍医、エルネスト・デュシェーヌが、バクテリアとアオカビの拮抗作用が治療に利用できるかも知れないという理論を発表します。彼は、アラブ人の馬子が、鞍でついた傷を鞍の皮に生えたカビで直すのを見て、この考えを思いついたと言います。しかし残念ながら、デュシェーヌはアオカビ属の弱いカビ、*Penicillium glaucum*を使ったのです。彼の考えは正しかったのですが、時期尚早でした。

アレクサンダー・フレミングの「やった！」の瞬間は、こういった長い蓄積の成果だったのです。彼の突破口となったアオカビは*Penicillium notatum*（現在の*Penicillium chrysogenum*）でした。1939年、ハワード・フローリーおよびノーマン・ヒートリーと一緒に研究していたエルンスト・チェーンは、フレミングの「カビのジュース」からペニシリンを分離することに成功しましたが、世界で初めて患者を救えるほど増量させることはできませんでした。ようやく1943年、アメリカの研究所助手だったメアリー・ハントが、カンタループ・メロンに生える金色のカビ、*Penicillium chrysogenum*に気づき、生命を救う薬の大量生産の道を拓いたのです。

フレミング、フローリー、チェーンはノーベル賞を受賞しました。しかし、ハントは「カビのメアリー」というニックネームをもらっただけでした。

p.49 培養皿で増殖する*Penicillium rubens*のコロニー。『フンガリアム』より、ケイティー・スコット画。2019年。

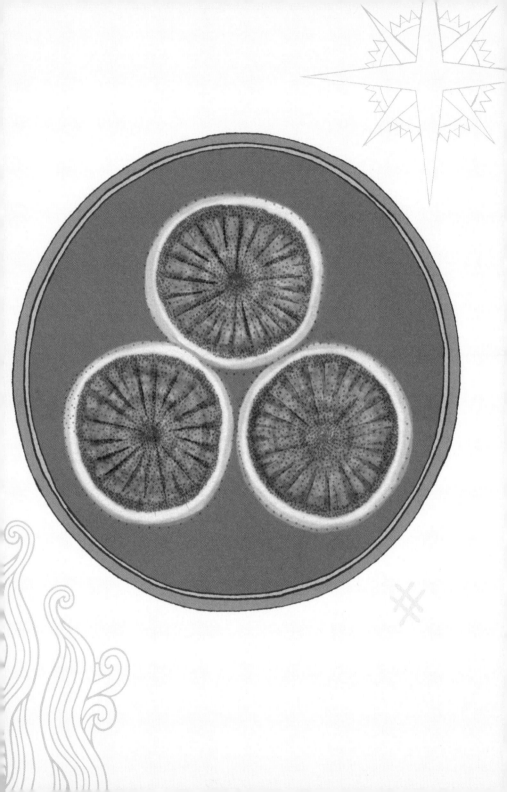

Chapter 4
Fairy Rings

第4章 きのこの作る妖精の輪

妖精の輪、

それは野原や芝生に突然現れ、

どんどん大きくなっていく

きのこの輪（菌輪）のことです。

おそらく、民間伝承で最も広く知られる、

きのこの象徴的現象ではないでしょうか。

ほとんど世界中どの国にも、

その持つ意味や、

どうやって近づけばよいかといった

教訓が伝わっています。

菌輪がどういうものだと思われていたにせよ、ほとんどの伝説は菌輪は
魔法でできると述べています。しかし、古代人が雷雨と何らかの関係があると
考えたのに対し、より近代になってからの新しい迷信では、
超自然的な存在や邪悪な意志のせいにしました。

オランダでは、菌輪は悪魔がミルクをかき混ぜて飛び散らせた跡にできるとされます。オーストリアの伝承では、竜の尾が大地を焦がした跡だといい、尾に打たれたあとには７年間毒きのこしか生えないと言われました。フィリピンでは、この輪は小さな精霊が作るとされ、ハワイではメネフネの輪と呼ばれます。メネフネは伝説上の小人族で、夜の間にハワイ諸島にこっそりと何かを築くのです。ヨーロッパでは広く、この輪は魔法の仕業とされました。ドイツではHexenringe（ヘクセンリンゲ、魔女の輪）と呼びますが、これはフランス語のronds de sorcières（ロン・ドゥ・ソルシエール）と全く同じです。イングランド（サセックス州）でもhag-tracks（ハグ・トラックス、魔女の跡）と言います。特にワルプルギスの夜（４月30日）や万聖節の前夜（ハロウィーン、10月31日）に、魔女たちがそこで踊った証拠なのです。

このように、世界で最もよくある菌輪の説明は、誰か、または何かがそこで踊ったというものです。北米先住民族は野牛が踊ったせいだとし、スカンジナヴィアではelfdans（エルフダンス、妖精の踊り）と呼んで妖精が踊ったせいにしますが、このダンスはイメージほど上品なものとは限りません。1555年、スウェーデンの著述家、オラウス・マグヌスは、妖精は足で地面を燃やしてしまうと書きました。彼はその著『北方民族文化誌』で、土壌はいたずらな謎の妖精、パックによって再生されるはずだとも述べています。マグヌスの書は全ヨーロッパに大きな影響を与え、何ヶ国語にも翻訳されて、イングランドの宮廷にも届きました。しかし、彼の意見の多くは既にイギリスに到来していたものでした。12世紀半ばの英語にはelfringewortという言葉があ

り、おおよそ「妖精が踊ったためにできたヒナゲシの輪」という意味なのです。

イギリスとアイルランドで踊る妖精は、ヴィクトリア時代の挿絵画家が愛したような可愛い小さな生き物ばかりではありません。彼らは月夜にはしゃぎ回りますが、その跡は翌朝にならないと見えないのです。戸外のそこここに生えるきのこは、踊り疲れて休んだり、座って見ていたい妖精のための小さな座席ですが、決して人間の見物席ではありません。この踊りに加わった人間についてはいろいろな伝説があり、結果は様々です。ほとんどの伝説では、妖精の輪のような異界との境目に近づくだけでも、命知らずな行為だといいます。フランスのように、妖精の輪がヒキガエルに守られているからというだけではありません。輪の中に踏み込んでしまったら、若死にする、歩けなくなる、片目や両目の視力を失う、泥棒だったら絞首刑になる（サマセット州ではこの輪を絞首台または絞首台の罠と呼びます）などから、永久に他の人間には姿が見えなくなる、妖精の捕虜になるまで、結果は様々です。つまり、行方不明になって地下の魔法の国で永遠に奴隷にされたり、妖精の悪意によって疲れ果て、気が狂い、死ぬまで踊らされるというようなことでしょう。

妖精はよく、何も知らない人間を踊りに誘い込もうとします。生き生きと麗しい外見で現れて、ハープに合わせて踊り、旅人や羊飼いや職人、あるい

p.53 キューガーデンの菌類学者、エルジー・M. ウェイクフィールドの描いた、妖精の輪を作るシバフタケ（*Marasmius oreades*）。キューガーデン・コレクション、1915 〜 45年頃。

は恋する男を、死の踊りの輪へと誘うのです。食
べ物や財宝、あるいは目を見はるほど美しい妖精
からの求愛などで釣ることもあります。しかし、何
としてもこれらを避けなければなりません。

　輪にはまってしまうと、被害者は助けられるまで
1年と1日踊り続けなければならないという話がよく
あります。ウェールズの民話では、妖精を混乱さ
せるには、輪の中にマジョラムとタイムを投げ込ん
だり、何か鉄でできたもので被害者に触れたりする
といいそうです。超自然的な存在は鉄に耐えられ
ないからです。ナナカマドの仲間の木で作った杖
も効果があるでしょう。それでも、被害者を輪から
引き出すのは大仕事です。ウェールズのスランゴッ

センの農夫は、魔法にかかった娘を助けようと輪
の中に入る時、腰に縄を巻きつけて4人もの屈強
な男にそれを持ってもらったほどでした。

　伝説によっては、被害者は助け出されても、そ
の間に経験したことを何も覚えていなかったりしま
す。魔法の王国でほんのわずかな時間を過ごした
だけなのに、人間界では長い長い年月が過ぎ去っ
ていることもあります。ウェールズのカーマーゼン
シャー州の民話では、男がせっかく帰ってきたのに、
朽ちて塵になってしまいます。人間の食べ物を口に
した途端に身体が崩れてしまうお話もあります。輪
に囚われた夜に聞いた妖精の音楽が、被害者を
永久に呪い続けることもあり、「異世界」を経験し

上　児童書の挿絵画家、ケイト・グリーナウェイの19世紀の妖精の輪の挿画。

た後に人間界に戻ると衰弱してしまうこともあるのです。

　妖精の輪がどんなに残酷でも、多くの民話はぴったり口を揃えて、輪を壊そうとしても無駄だと語ります。壊しても一層大きく甦るのです。アイルランドの伝説では、この聖なる輪を壊すと妖精を怒らせ、農夫が鋤などでうっかりやってしまっても、壊した人を呪うと言います。ウスターシャーでは、輪のきのこ1つを蹴ると、向こう7年不幸が続くそうです。魔法と共存して、妖精のおこぼれに与った方がずっといいでしょう。

　菌輪の外側を太陽と同じ向きに9周走ると（反時計回りに走ると不幸を招きます）、地下の妖精の話し声が聞こえるようになります。この風習はノーサーバンランド地方で最もよく知られますが、イギリス諸島全域で見られるものです。伝承によっては、走るのは満月の下、またはメイ・イヴ（ワルプルギスの夜、4月30日）や万聖節前夜（10月31日）など、人間界と異界を隔てるヴェールが最も薄くなる夜がいいとも言われます。ただし、何事もやり過ぎは禁物。10周目を走りきると、悪運を招きます。もし、本当にどうしても妖精の輪に足を踏み入れなければならない場合は、片足を、輪の外側に立っている友だちの足の上に載せなければなりません。それとも、帽子を後ろ向きに被ってみてもいいでしょう。私たちの「よき隣人」はずる賢いけれど、人間が変わったことをして見せるとすぐまごつくからです。

　注意して扱えば、菌輪は役に立つこともあります。そこに宝物が埋まっているしるしかも知れません。ただし、冒険してみたい人は、通常、宝を掘り出すには超自然の助けを必要とします。また、若い女性が輪の中に入ることなく中のしずくを手に入れられたら、顔につけると肌がきれいになります。しかし、恋人にしたい相手を魅了するために使うなら、おまじないをする間は絶対顔につけないよう注意しましょう。さもないと、自分ではなく恋人の顔に一生傷痕が残ります。

　伝説によっては、動物はきのこの輪の中で草を食むのを嫌がると言いますが（食べると乳が凝固してしまうそうです）、ウェールズでは放牧中の羊がそこで草を食むと大きくなると言います。一方、アイルランドでは、きのこは恥ずかしがり屋で、見られると隠れてしまうと考えられています。新しい菌輪を見つけると幸運と子孫繁栄をもたらすという伝説もありますが、一般には、菌輪についてのいい伝説は、苦難を予告する伝説よりずっと少ないのです。

　きのこの輪の出現の謎解きは踊ることだけではありません。マン島では、地下に妖精の村がある場所のしるしだと言います。流星や落雷、隕石はすべて、こんな輪が突然現れることの説明にされますが、その他の説明には妖精の尿・唾液・精液、種馬の精液などがあります。確かに、もし本当にきのこを育てたいなら、種馬の精液は間違いなくきのこの成長を促進するでしょう。

　スコットランドでは、きのこは妖精の食卓だと言われてきました。ウェールズでは妖精の日傘です。同じような話は中米にもあり、子どもたちは、きのこは森の精の傘だと聞かされます。森の精が日の出に自分たちの世界に帰る時、忘れていった傘なのだそうです。妖精の輪の中で何が見つかるかという伝説もあります。デボンシャー州の昔話では、ダートムアに出現するある種の妖精の輪の中には、朝夕の薄暮の時間帯、黒い雌鶏とひよこが現れるそうです。

科学的解説

　菌輪の科学的解説を求める調査は、早くも1675年に始まりました。この年、王立学会に論文が出され、古代人が考えたのと概ね同じように、輪は落雷の結果「電気的に」誕生すると述べているのです。

　1807年には、イングランドの化学者、ウィリアム・ハイド・ウォラストンが菌輪は科学的に生まれると言いました。その後「無機質説」が出ます。これはやや面白味に欠ける「排泄説」でした。いずれも本当に条件を満たすようには思われませんでしたが、

農業研究機関のロザムステッドが「窒素説」を唱えました。菌類が何らかの方法で土壌から窒素を取り出すという説です。これに科学者たちは色めき立ったようでした。

　しかし、菌輪が実際にどうなっているのか、菌類学者たちが明らかにできたのは、比較的最近になってからでした。私たちが見ることのできる部分は、ずっと大きな生物のほんの一部に過ぎません。糸状の地下の塊（菌糸）は生きている間ずっと存在するのですが、ある時突然噴き出すようにきのこを出現させます。これは豪雨の後であることが多く、かつて多くの人が「魔法の輪」は何か雷雨と関係があると考えた理由はこれでしょう。菌が放出する養分のお陰で、輪の外側には、より青々と育ちの速い草が生えます。一方、輪の内側の地下は菌糸で詰まってしまい、水分の供給が途絶えて草は枯れます。農夫たちは動物が輪の外側の牧草を好むのを見て、シンプルに外側の草の方がおいしいからだと現実的に考えるより、内側が邪悪なのだと思ったのかも知れません。

　猛毒の毒きのこを含め、100種以上のきのこが菌輪を作りますが、最も有名なのはシバフタケ（*Marasmius oreades*）でしょう。乾燥しても再生する能力があるため、「復活きのこ」と呼ばれることもあります。菌輪は巨大になる場合もあります。完全にストーンヘンジを囲い込み、約1,000年も経ったものがあるのです。このような菌輪は、特定の遺跡にまつわる伝説の説明になりました。たとえばダートムアにはいくつかストーンサークルがあり、妖精のダンスホールだと思われていました。しかし、一部の「妖精の輪」はきのことは関係ないかも知れません。たとえば、奇妙な妖精の輪、チャンネル諸島のガーンジーにあるターブル・デ・ピヨン（ポーン〔チェスの駒〕のテーブル）は地面が円形に掘れた所で、地元では悪霊と結びつけられていま

右　『月光を受けて踊る妖精の輪』。
ジョージ・クルックシャンク、水彩。

す。しかし実際には、ここは島の役人の会合所でした。最後に役人の検査が行われた1837年まで、役人たちは道路や沿岸警備の検査の合間に、掘れた地面に腰かけて昼ごはんを食べていたのです。

菌輪は、その栄養源次第で、無償のことも「紐つき」のこともありました。無償の菌輪は、直接土壌から得た有機物を養分とし、しばしば開けた草原で見られます。シバフタケがその典型で、遠心状に（円の外向きに）輪が大きくなり、毎年子実体が新しい輪を作ります。輪が少し広がると、中心が死ぬのです。一方、「紐つき」の菌輪は普通、森林で見られ、特定の栄養源に依存します。木にとっては全く危険がないので、この菌根による関係は相利共生的と考えられており、実際、木が水分や栄養分を吸収するのを助けています。

菌輪を作るきのこ

人類はこれまでずっと、きのことは穏やかならぬ関係にありました。主な理由は、きのこは見分けがつきにくく、苦悶の死を遂げることが少なくないからです。多くの文化で、好奇心の強い子どもが森で見つけた面白いものを「味見」したりしないよう、戒める伝説が生まれています。

いぼいぼで毒のあるヒキガエルが、決まったきのこの上でハエなどを待ち構えているというのは各地共通の発想です。ドイツ語でKrötenstuhlは文字通り「ヒキガエルの椅子」という意味で、子どもたちに味見という考えを頭から追い出させるためだったのかも知れません。北米のオザーク高原地方の人々は、満月以外の時にきのこを摘むと、きのこが腐る、あるいは有毒にすらなると警告します。この、きのこの善悪ある二面性は、特に東欧で、おとぎ話の豊かな土壌となりました。

『きのこ戦争』は教訓でもあり、コミカルでもあるロシアの民話で、ボレーテ王（つまりポルチーニ王。*Boletus pinophilus*というポルチーニの学名から、マツの王やマツの木のポルチーニ王と呼ぶことも）が、甲虫類との戦争のため家来を召集しますが、ほとんどの家来が戦争に行かない言い訳を見つけ

出します。ベニテングタケ（*Amanita muscaria*）は貴族が行くには遠すぎると言い、アミガサタケたち（*Morchella*）は年を取ったからと断り、ナラタケたち（*Armillaria*）とヒトヨタケ（*Coprinopsis atramentaria*）は足が弱くて無理と逃げます。他のきのこたちも、貧しい老婆だから、修道女だから、小作農だから、「プロの怠け者」だから、宮廷の要職だからなどと言い立てるのです。とうとう、きのこ軍はほとんどが勇敢なツチカブリ（*Lactifluus piperatus*）で構成されることになってしまいました。このお話の19世紀ロマノフ朝時代のオリジナル挿画が、現在まで伝わっています。ロシア革命の時代、物語がプロパガンダとして作り変えられたからです。1904年、イーゴリ・ストラヴィンスキーはこの物語に作曲しましたが、その後引き出しに放り込んでしまいました。『こうしてきのこは戦争に行く』がお披露目されたのは、ようやく1998年のことです。

ロシア版シンデレラでは、シンデレラの妖精のおばさん役は「きのこ爺さん」で、ヒロインのシンデレラに当たるナステンカという娘だけを教え導くのではありません。王子様に当たるのはイヴァンという、近所に住むわがままな若者です（ウォルト・ディズニー版『美女と野獣』のガストンのような）。きのこ爺さんは、うぬぼれ屋の若者の首を熊の首に変えてしまうというひどい教育をします。イヴァンが人間の首とナステンカの愛を取り戻すには、世間を渡り歩いて善行をしなければならないのでした。また、北米版シンデレラでは、シンデレラ役のアッシュペットが老婆（妖精のおばさん役）から火種を借りた時、サルノコシカケの仲間を火口にして持ち帰ります。一方、イタリアの民話では、魔女の怒りの別の面が見えます。魔女は、庭のキャベツ泥棒を捕まえようと、きのこに変身するのです。

アンドリュー・ラングは19世紀末に活躍したスコットランドの民話・妖精譚採集家です。彼の有名な虹色の童話集シリーズ（実際には彼の妻のレオノーラ・ブランシュ・アリーンが翻訳・編集）には、『誰でもないおひめさま』など、昔からあるたくさんの妖精譚を応用した彼のオリジナル童話も追

加されました。醜いけれども心の優しい道化の王
子様は、危険なきのこの国で、行方不明になった
名前のないお姫様を探さなければなりません。王
子様は、決して毒きのこの下で眠ってはいけないと
黒い甲虫から忠告を受けます。そのお陰で、王子
様は知恵試しに成功し、お姫様の名前を発見する
のです。ところが、きのこの女王からご褒美にハン
サムにしてもらった翌日、王子様はお姫様を名前

で呼ぶのを忘れてしまい、大慌てで挽回しなくては
いけなくなります。
　1977年のレイモンド・ブリッグズ作『おばけき
のこ』は現代の妖精物語と言えるかも知れません。
これは、カビなど嫌なものなら何でも素敵とされる
正反対の世界で暮らす、普通のおばけの物語なの
です。

上　シバフタケ（*Marasmius oreades*）。アンナ・マリア・
ハッシー『英国菌類図譜』、1847〜55年。

How mushrooms
were created: a folk tale

きのこはどうやって
生まれたか:
民話

主イエスと聖ペテロは、ある貧しい村にやってきた時、
村外れをさまよっていました。
すると一番貧しそうな小屋から、住人の結婚を祝う声が聞こえてきたのです。

　旅人が誰か気づかず、新婚夫婦は主イエスと聖ペテロを祝宴に招き入れ、食事を共にしました。イエスはペテロに、ここの人々は貧しいから、わずかなパンと塩以外口にしないようにと注意します。

　2人は祝いの席に着き、パンと塩を食べましたが、ペテロはとてもおいしい小さな焼き菓子を少し袋に入れずにはいられませんでした。出発してしばらく、イエスは弟子がこっそり何かをかじってばかりいるのに気づきます。イエスが「何を食べているのか」と聞く度、ペテロは口の中のものを吐き出し、ぼそぼそ「何も」と答えます。それは、お菓子がなくなるまで続きました。

　イエスは弟子に、道を戻って吐き出したものを全部集めてくるよう言いつけました。ペテロは後戻りするしかありません。ところが、お菓子のかけらの代わりに、妙なものが生えているのを見つけます。イエスは、この変わった形のものはきのこで、ペテロが盗んで捨てた貧しい人たちの食べ物から生えたのだと教えました。ペテロは恥ずかしくなり、許しを請うと、主イエスは許してくれました。2人は戻ってあの貧しい女性の家に着くと、このおいしいきのこを料理してくれるよう頼みます。主イエスはそれを夫婦に与えました。夫婦の食べ物から生えたも

のだからです。

　こうして、主イエスはきのこがいつでもたっぷり生えるようにしましたが、聖ペテロはお菓子を食べようとした後もまだ空腹のままでした。だから、きのこは満腹になるおかずにならないのです。

　この物語のいろいろなバージョンが東欧中にあります。この話を最初に翻訳して記録したのは、チェコの民俗学者、ボジェーナ・ニェムコヴァ（1817～62年）でした。別のバージョンでは、イエスとペテロがライ麦畑を通っている時のこと、イエスが食べてはいけないとはっきり注意したのに、ペテロは麦粒を盗み取って食べてしまいます。またある話では、イエスとペテロはパンを分けてもらおうと頼み、2人がこぼしたパン屑からきのこが生えます。ただし、パン屑はきのこになりますが、黒パンの屑は毒きのこになるのです。ところによっては食べ物は全く出てきません。シチリア島やハンガリーやリトアニアでは、きのこは聖ペテロの吐いた唾から魔法のように出現します。こういった物語はリトアニアの悪魔、ヴェルニアスの古い物語から来たのかも知れません。ヴェルニアスの指が地下の世界から伸びてきて、貧しい人の食べ物になると言うからです。

p.61 イヌセンボンタケ（*Coprinellus disseminatus*）。ジェイムズ・サワビー『英国産菌類・きのこ彩色図譜』、1795～1815年。

Sep. 1.1790 Published by J. Sowerby London.

Agaricus striatus

Tuber moschatum

Agents of thunder
雷の力

ほぼすべての文化で、きのこは何らかの点で雷や稲妻、
嵐と結びつけられてきました。この神話は大変普遍的なので、
伝説に何か隠されているのではと考えられ始めています。

この考え方は古いものです。ローマの著述家、大プリニウスは、「雷は何よりもトリュフの成長を助ける」と述べて、トリュフを探すなら嵐の直後をすすめています。ローマの主神ユピテル（ギリシャ神話のゼウス）は、天候を受け持っていました。ですから、ローマ人はきのこがたくさん穫れるようにとユピテルに祈ったのです。プリニウスは、最高のトリュフはゼウスの聖域であるオリンピア産のものだとも書いています。ゼウスが好きなだけ稲妻を投げることができるからです。ローマの詩人、ユウェナリスは、豊かにきのこをもたらしてくれる春の雷雨を待ち焦がれた人でした。

前述のヴァレンティーナ・ワッソンは稲妻ときのこについて多くの調査をし、ロシア語では温かくそぼ降る雨をグリブノイ・ドシュチ、つまり「きのこの雨」と呼ぶと書いています。彼女は中央アジアのザラフシャン渓谷の伝説にも触れていますが、この地方では、「偉大なる母」と呼ばれる女神がゆったりしたズボンを振ると、地面に大量のシラミが落ちて、雷雨の後にきのこに変わると言います。いかにもきのこ好きの土地柄の表れではないでしょうか。ヒマラヤ山脈を探検したチャールズ・エヴァンズ（1918～95年）も、チベット族のシェルパも雷雨

p.62 黒トリュフ（*Tuber melanosporum*）。ジェイムズ・サワビー『英国産菌類・きのこ彩色図譜』、1795～1815年。

がきのこを出現させると信じていたと述べました。

アラビアのベドウィン族の伝説では、秋の激しい雷雨シーズンが翌春、砂漠のトリュフ（*Terfezia*、テルフェジア属）の豊作をもたらすと主張します。毎年たくさん穫れるわけではないので、10月に嵐が激しかったら、テントを用意して、何世代にもわたってよく穫れると伝えられてきた所へ出かけてみる価値がある、と言うのです。朝や夕方の薄い日光の下で、地下のきのこの膨らみが作るごく微かな影を見つけるのは、女性や子どもが一番向いていると考えられています。きのこは塩水に浸し、バターフライにしたり、灰の中で蒸し焼きにしてから塩漬けにしたりします。豊作の年なら、酷暑の夏に日干しにするほど穫れるでしょう。

フィリピンでは全国で、人々が春の嵐の後、開けた草地に「雷のきのこ」狩りに行きます。ワッソンは、この発想はマレーシアかインドか中国から広まったのではないかと考えました。このいずれの地域でも、きのこを雷雨と結びつけているからです。彼女は、中国の「雷が生やすきのこ」は、アミガサタケの仲間（*Morchella*）と、サンダー・ピール・マッシュルームと、サンダー・マッシュルームのことではないかと考えましたが、種を同定することまではしませんでした。しかし、ニュージーランドのマオリ族では、雷を表す言葉ときのこを表す言葉は同じウァトティトリ（whatitiri）だと書いています。そしてこれは、神話の祖先の女神である雷の女神の

名でもあるのです。

　稲妻や雷ときのこの関係は世界中で伝えられ、北米の先住民やメキシコ、グアテマラなどメソアメリカにはきのこ崇拝がありました。ブリティッシュ・コロンビア州の先住民、ナラカパマックス族は、ササクレヒトヨタケ（Coprinus comatus）を「雷雨の頭」と呼びます。

　何世紀もの間、お互いそうとは知らぬまま、多くの文化で広く同じことを信じていたからには、神話には何かあるのでしょうか? そう、大半のきのこは生存に水分を必要とします。繁栄するには水がたっぷり必要なのです。雷雨は大雨になるのが普通ですから、雨が多ければきのこも増えるのは当然でしょう。近年、世界のある地域で猛烈に雨が降ったということは、一部の場所で記録的にきのこが穫れたということです。では、雷は?

　日本では、雷神は嵐と混乱の神です。見た目は恐ろしげですが、太鼓を打ち鳴らして雨をもたらす、農民の友とも称されています。ところが、雷神は時々仕事をさぼったり、いたずらをして捕まったりします。こうなると日照りで、きのこの収穫は落ち込むのです。しかし近年、怠け者の神様よりもっと困ったことになりました。線虫が、日本人の好むきのこが生えるアカマツの林を荒らしているのです。

　日本の科学者たちは、雷雨ときのこの予想収穫高の関係の研究をリードしています。菌根性、すなわち通常は森林環境で樹木と共存する種類のきのこですが、その商業収穫高を増やそうとする研究の中で、高木浩一教授など岩手大学の研究者

たちは、高齢の農業者から聞いた伝承を何度も検証しました。栽培するきのこの収量を増やしてくれるとして落雷を歓迎する話です。研究チームは独自の落雷マシンを作り、研究所の10種類のきのこに雷神並みの電圧をかけました。すると、そのうち8種類のきのこの収穫が増えたのです。最も増えたのはシイタケ（Lentinula edodes）とナメコ（P. microspora）でした。また、九州大学でも、ファーザナ・イスラム氏と大賀祥治元教授が小型発電機を使った共同研究を行ないました。彼らは研究室を出て、森中を発電機を押して周り、電極で地面に50,000Vのパルスを送りました。珍重されるマツタケ（Tricholoma matsutake）の収穫を増やしたいと考えたのです。実験では岩手大学チームと同じ結果が出、数週間後さらに収穫が増えました。マツタケのサイズと重さも増大したのです。

　本物の雷の直撃は何十億ボルトにもなるため、菌類を完全に破壊してしまうでしょうが、もう少し離れたところからもう少し弱い電圧がかかると、土壌を通じて外生菌根を刺激し、収穫につながるようです。様々な強さの電圧で実験したところ、収量は倍増しました。現在の推測では、植物が悪条件に遭った時に同じ刺激を与えると（たとえば干魃中にレタスに電気刺激を与えるなど）、菌類と同じように再生に効果があると見られています。

　とは言え、農家が習慣的にきのこを電気刺激して収穫を増やすには、もっと研究が必要で、より使いやすい発電機も発明しなければならないでしょう。その間、日本のすべてのきのこ好きのために、雷神にはもう一頑張りしてもらわねばなりません。

p.65 アミガサタケの仲間（Morchella spp.）。J.V.クロンプホルツ『食用・有毒・食毒不明のきのこの菌類図譜』、1831〜46年。

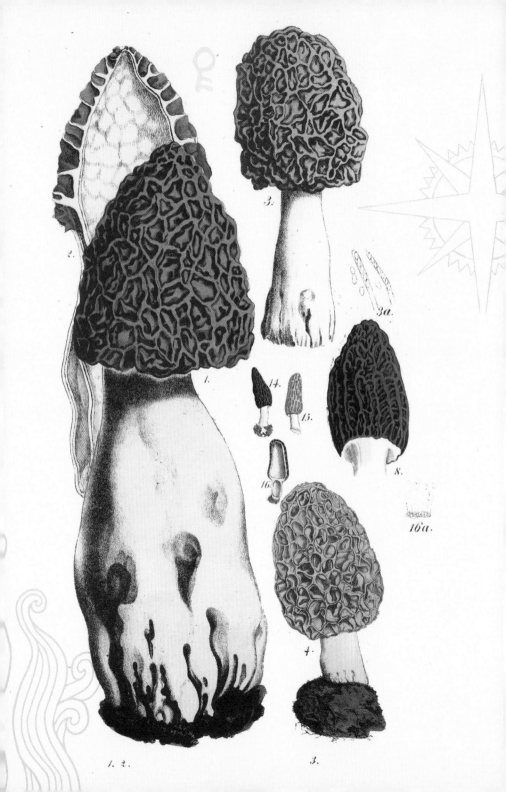

2.

3.

3a.

1.

14. *15.*

8.

16.

16a.

4.

1. 2. *3.*

Earthstar
エリマキツチグリ
Geastrum triplex

広くツチグリとして知られる変わった菌類は、
単一の属ではなく、何世紀もの間様々な学名で呼ばれてきました。

　普通の人はそんなに難しく考えませんでした。皆、ツチグリがどこから来たのかわかっていたのです。それは、天からです。

　南極大陸以外どこででも見られるエリマキツチグリ（*Geastrum triplex*）は、歩く人がつい足を止めてしまうほど奇妙です。アメリカの大平原地帯に住むブラックフット族の人々が、一夜にして出現したように見えるこの種をカカトゥ、つまり「落ちた星」と呼び、超自然的現象の前兆と考えたのも無理はありません。チェロキー族は赤ちゃんのおへそにこれを入れ、へその緒の痕の治りを早めようとしましたし、ニューメキシコ州のテワ族は、耳の痛みや難聴で苦しむ人の耳にこの胞子を吹き込みました。真面目くさった科学者たちも、落ちた星というロマンチックな物語を夢見なかったわけではありません。1847年、菌類学者のチャールズ・デイヴィッド・バーダムは、その著『イングランドの食用きのこ』で、「ツチグリの仲間は時々地上を離れたくなり、ムハンマドの棺のように、大地と星の中間にあるセント・ポール寺院で最も高い尖塔の天辺に引っかかっている」と書きました。

　学名のラテン語、*triplex*は三層になった外皮を指し、これが色は薄茶ですが、普通の丸いホコリタケのような子実体を包み込んで育ちます。外皮が硬くなり、裂けて平らに分かれると、子実体が載りやすい形の皿になります。このため、「エリマキ」ツチグリや「皿つき」ツチグリと呼ばれることもあ

り、広葉樹林の岩屑や砂丘、植え込みの中など、多くの生育環境に突然謎のように出現します。この変わったきのこは、直径10〜12cmほどにもなり、普通は食用にされません。しかし、伝統中国医学では出血止め、体臭の軽減、炎症の緩和に使われます。アーチド・アーススター（タイコヒメツチグリ、*Geastrum fornicatum*）が1671年に最初に記録された時、G.セーガー博士は「人間が変身したもの」と考えました。彼の描いたこのきのこの図は、きのこの中の囚われの身から解放されたばかりの、ちょっと中世のマンドラゴラのように頭が巨大で捩れた胴を持つ、人型生物の群像でした。実際には、このきのこの子実体はつま先立ちのバレリーナのように、星形の元外皮で持ち上げられ、胞子が風で飛びやすいようになっているのです。

　エリマキツチグリの仲間にはたくさんの種類があり、その形態は様々です。バロメーター・アーススター（ツチグリ、*Astraeus hygrometricus*）は長く天気を予測するのに役立つとされてきました。雨なら開き、乾燥した日には水分を保持して捕食者から身を守るために閉じるからです。

p.67 ツチグリの一種、フリンジド・アーススター（*Geastrum limbatum*）。アンナ・マリア・ハッシー『英国菌類図譜』、1847〜55年。

Geaster limbatus, Fries.

И. БИЛИБИНЪ. 1900.

Fungi and witches
きのこと魔女

奇妙で、謎めいて、魔法のように現れたり消えたりする、
その不気味な特徴から、きのこは長く魔術と結びつけられてきました。

　伝統的に、「悪い」菌類は魔女のせいとされました。食物を害するカビ、植物の枯損病やサビ病などは明らかな呪いの証拠であり、よきクリスチャンの家の庭に生える変な格好のきのこは、きっと侮辱された魔女が呪ったせいだと言われました。1926年、フランスのムランで行われた有名な裁判では、「涙の聖母」派の信者、男性2人と女性8人が、ある大修道院長が悪魔に取り憑かれていると信じて襲ったかどで告訴されています。彼らは、自分たちの教派の創設者、マダム・メスマンの庭に悪魔の鳥を送って排便させたとして、大修道院長を裸にし、結びこぶを作った縄で鞭打ったのです。その鳥の糞から生えたきのこは見た目も臭いもひどく、その臭いを嗅いだ人は皆「恥ずかしい病気」になりました。この時、マダム・メスマンは、その大修道院長が自分より強力な魔法使いだったため、追い出したかったのだと噂されたものです。

　きのこは魔法の薬の材料として知られます。ベニテングタケ（*Amanita muscaria*）はしばしば飛翔薬の主成分とされ、オーストリアではHexenpilz（魔女のきのこ）と呼ばれます。フランスのバスク地方の魔女裁判では、ホコリタケは悪魔の薬の材料と

非難されました。ワライタケ（*Panaeolus papilionaceus*）は、英語では「斑点のあるペチコートの襞」という無邪気な意味のペチコート・モトルギルという名前で、牛馬の糞を好む食べられないきのこですが、比較的最近まで、毒薬に使われました。

　ロシア民話の恐ろしい魔女、バーバ・ヤガーは、きのこと深い関係があります。彼女の魔法の家は森の中にひっそりとあり、鶏の足に載っていて、周囲を頭蓋骨に囲まれているのですが、きのこはその家の周りに生えるのです。もちろん、彼女は毒きのこの下に住む生き物のこともよく知っています。バーバ・ヤガーは残酷で、人間を食べてしまうこともありますが、いつも邪悪とは限りません。彼女と出会うヒーローやヒロインは、食べられてしまうこともあれば、彼女の助けを受けることもあるのです。ある有名な物語で、バーバ・ヤガーは森のハリネズミに出会います。お互いにきのこ狩りに来ていたのです。バーバ・ヤガーはハリネズミを食べようと思いましたが、結局は命を助け、魔法で少年に変えます。しかし、物語の別のバージョンでは逆で、ドミトリー王子が魔女にハリネズミにされてしまいました。民話とはそういうものです。

p.68 スラヴ民話の魔女、バーバ・ヤガーを描いた妖精物語『美女ヴァシリーサ』の挿画。
イヴァン・ビリビン、1900年。

Common stinkhorn
スッポンタケ
Phallus impudicus

学名はラテン語で「恥知らずのペニス」。
スッポンタケはその形と臭いという2つの点で有名です。
しかし、しばらく前までは、魔術という別のことでも有名でした。

スッポンタケは間違いようがありません。五感のすべてに快いとは言えない刺激を与えます。チャールズ・ダーウィンの娘、エティは、特別な上着と手袋を着用し、かごと黒い杖で武装して、スッポンタケを採りに行きました。死にそうに不快な臭いと傘から出る便のようなもので、すぐに在処がわかります。彼女は臭いを嗅ぎ、覗き込み、採集しましたが、決して手で触れないよう、かごには杖で引っかけて投げ込みました。持ち帰った時も、使用人やすぐ悪いことを覚える子どもたちには見えない所で、こっそりと燃やしたのです。

確かに臭いはひどいのですが、それは最大の問題ではありませんでした。問題は見た目で、形が卑猥すぎ、エティはクリスチャンとして受け入れ難かったのです。17世紀の薬草学者、ジョン・ジェラードが「ペニスきのこ」と呼んだこのきのこに言及した人たちは、彼女以前にもいましたが、この外見はいつも悪魔のせいにされました。勃起したペニスとそっくりなことが明白だからです（あまり健康そうには見えませんが）。このきのこの一般的な民間名には、「悪魔の男根」「悪魔の角」「悪魔の肥溜め」などがあります。多くの人は、スッポンタケの外見は魔女の呪いのせいだと信じ、あるいは魔女が排尿や排便をした跡のしるしだと考えました。1926年、フランスのムランで行われた魔術裁判（**p.69**参照）の中心となった「卑猥なきのこ」も、スッポンタケだったのです。

スッポンタケは、鶏の卵と同じくらいの大きさの、白い卵型の「魔女の卵」「悪魔の卵」から誕生します。この「卵」が孵ると小さなきのこになり、立ち上がりやすいように透明なゼリー状の潤滑剤のあるお陰で、男根のように屹立するのです。成長は際だって速く、柄はたった2、3時間で20cmにも育ちます。完熟した傘は粘液で覆われますが、この粘液はねばねばしたオリーブ色の、胞子の入った物質で、腐敗臭や糞便臭がするため、ハエやナメクジが集まります。虫たちが傘を食べ尽くして去るまで、あまり時間はかかりません。傘は役割を終え、白い蜂の巣状の殻になってから腐ってなくなります。しかし、ねばつく胞子を身に纏ったハエは忙しく飛び回って、触れるものすべてを不快にするのです。

その形から、複数の文化でこのきのこが催淫剤になると考えられたのも不思議ではありません。民俗学者のヴァンス・ランドルフは、アメリカのミズーリ州・アーカンソー州・オクラホマ州・カンザス州を貫くオザーク山脈の住民の暮らしぶりを長年観察しました。1953年、彼は、スッポンタケを偶然見つけた若い娘はそれを吉兆と捉えていたと記し、1870年代には、このきのこの周りで裸になって踊ったと書いています。そして、処女がこのきのこで陰部に触れると、思う相手を我が物にできるとされていました。ロバート・ロジャーズは、ボルネオではスッポンタケは亡くなった英雄の魂のペニスと考え

p.71 スッポンタケ（*Phallus impudicus*）。ウィリアム・カーティス『ロンドン植物誌』、1775〜98年。

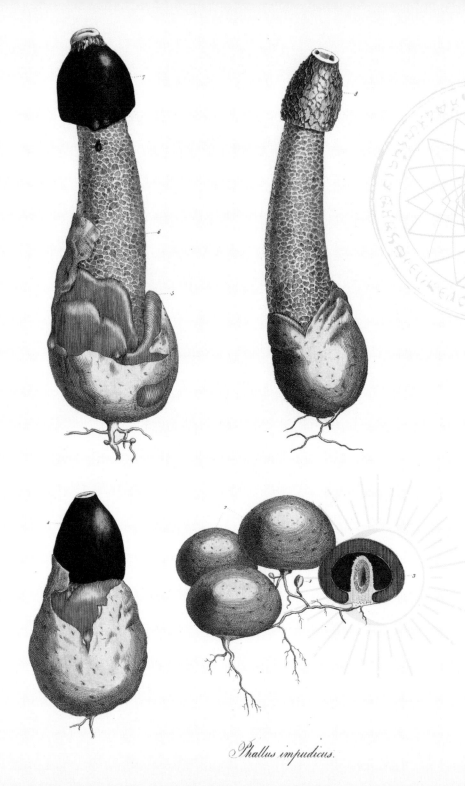

Phallus impudicus.

られていると述べています。しかし、誰もがこれほど想像力たくましいわけではありません。もう少し素朴なドイツの人々は、これは指、それも死体の指が土から出てきたのだと考えて、Leichenfinger（ライヒェンフィンガー、死体の指）と呼びました。西アフリカのヨルバ族の狩猟者は、このきのこで相手に見えにくくなる薬を作りました。確かに、人間の臭いを動物にごまかすには役立ったでしょう。

　他方、ナイジェリア南部のイグボ族は、スッポンタケを美しいと思い、éró mma、すなわち「きのこ」「美しさ」という言葉から名前をつけました。十人十色とはこのことだとよくわかります。Mutinus elegansは日本でタヌキノベニエフデと名付けられましたが、世界には「悪魔の計量棒」と呼ぶ人もいます。いずれにせよ、これらのきのこはあまりに異様な見た目から薬にされるようになり、てんかんから痛風まで何でも治療に使われました。ドイツでは、卵状態の時にサクランボと一緒に油で揚げて、身体から尿酸を排出させる薬にしました。インドでは腸チフスの治療になりました。ラトヴィアの医学では胃潰瘍にスッポンタケを薦め、伝統中国医学は赤痢の治療に珍重します。他の多くのきのこと同様、スッポンタケも現代医学の関心の対象とな

り、幅広いガンの治療に研究されています。ところで、同じ仲間で、ハワイ語でMāmalu o Wahine（ママル・オ・ワヒネ、女性のきのこ）と呼ばれる背の低い珍種は、ハワイの溶岩の崖に生えます。このにおいを嗅ぐと、女性被験者はすぐにオーガズムに達し、心拍が速くなると言われて、しばらく注目されたことがありました。一方で、男性のボランティア被験者は臭いを不快に感じたようでした。しかし残念ながら、被験者数やテストの条件、それにテストに使用したきのこの種名がはっきりしないことから、信頼できる結論は出せず、実験に大きな疑念が投げかけられました。もっと研究が必要です。

　スッポンタケ科のキノコは幅広く、どれも奇妙です。より細くて色がピンクで艶のあるMutinus caninusは日本名キツネノロウソクですが、学名や英名の意味は犬のペニスで、Phallus multicolorのマントは鮮やかなオレンジのレースのスカートのようになります。キヌガサタケ（Phallus indusiatus）のマントはデリケートな白いレースのスカート状で、地面まで広がります。乾燥したものは中国料理で食材になります。メキシコでは伝統的な占いに使い、ニューギニアでは聖なるきのことされました。

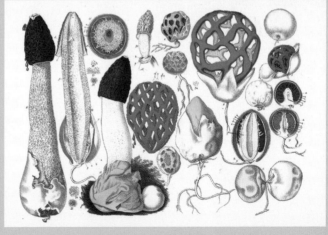

p.72　アカカゴタケ（Clathrus ruber）。J.H.レヴェイェ『ポーレットの菌類図譜』、1855年。
右　アカカゴタケ（Clathrus ruber）とスッポンタケ（Phallus impudicus）。J.V.クロンプホルツ『食用・有毒・食毒不明きのこの菌類図譜』、1831〜46年。

Cup fungi
椀型きのこ

椀型きのこはその雰囲気のある形と鮮やかな色から、
民話と妖精譚の多くに出てくると思われるかも知れません。
ところが意外にも、これらのきのこの伝説はごくわずかなのです。

菌類の多くのグループがお椀型の子実体を作り、しばしば目にも鮮やかな色になります。子実体は胞子発射機でもあり、お椀の中で子嚢という生殖細胞を形成して、それが成熟して気象条件がよくなると、子嚢胞子を大気中に放出します。乾燥に弱いため、湿った日陰を好むようです。

鮮やかな赤の、スカーレット・エルフ・カップの学名 *Sarcoscypha austriaca* は「オーストリア産の肉のお椀」というような意味で、お椀型のきのこは妖精の大きな杯という広く信じられた伝説からきています。ヴィクトリア時代の民俗学者シャーロット・ラーザムは、1878年、イギリスのウェスト・サセックス州では、人々はまだ「美しいレッド・カップ・モスを妖精のお風呂だと考えている」と書きました。スカーレット・エルフ・カップの毛の生えた椀の外側は、深紅の内側よりずっと色が薄いですが、それでもなお、森の地面・下草や枯れて腐りかけた木の上ではとても目立ちます。このきのこは特にヤナギ属（*Salix*）・ニレ属（*Ulmus*）・ハンノキ属（*Alnus*）・ハシバミ属（*Corylus*）の木を好み、湿った日陰で腐りかけの物質を栄養にします。ベニチャワンタケ（*Sarcoscypha coccinea*）とそっくりで、ベニチャワンタケには外側に直毛が生えているのに対し、スカーレット・エルフ・カップの毛はカールしているのですが、普通は顕微鏡で確認しないと見分けがつきません。毒はありませんが、食べておいしいものでもありません。北米先住民のオナイダ族の治療師は、スカーレット・エルフ・カップを血止めにしたり、新生児のおへそに入れてへその緒の傷を治したりしました。

同じく目に鮮やかなロクショウグサレキン（*Chlorociboria aeruginosa*）も食べられず、民話にあまり出てきません。しかし、これの生えた木材は何世紀も非常に珍重されてきました。この鮮やかな青緑の椀型きのこは、折れて落ちた木の枝に生えた様子がエキゾチックな貝のようで、さらに、菌糸は感染した木を「グリーン・オーク（緑のナラ材）」と呼ばれる鮮やかな色に染めます。そのため、様々な色の木片をモザイクのようにはめ込んで複雑な模様を作る寄せ木細工で、非常に好まれたのです。また、ヒイロチャワンタケ（*Aleuria aurantia*）は、まるで捨てたオレンジの皮のようです。これも夏に、主に荒れ地で見られ、不注意な旅行者がオレンジを落としたように見えます。最初はお椀型で、成熟すると剥いたオレンジの皮のように捻れます。しかし、これも民話には驚くほど出てきません。好んで食べられたわけでもなく、食べたところでおいしくないからかもしれません。

p.74 ルビー・エルフ・カップ（*Sarcoscypha coccinea*、左図8）など、様々な椀型きのこ。

Common puffball
ホコリタケ
Lycoperdon perlatum

ホコリタケの学名、*Lycoperdon perlatum*は直訳すると
「拡散したオオカミの屁」で、多くの面白い民間名・通称と軌を一にします。
おならとの結びつきが古代ローマまで遡るしるしです。

フランス語名はpet de loup（ペ・ドゥ・ルー、オオカミの屁）。近縁の属の*Bovista*はドイツ語の「雄牛のおなら」から来ています。Ulefystはフリジア語の「フクロウのおなら」、asterputzはバスク語の「おなら」という意味の名前です。

パフボールというのは、腹菌類という古い菌類のグループに属する複数のきのこの総称です。これらは子実体の内部で胞子を形成し、後から散布する成熟様式をもっています。しばしば雨粒などのわずかな刺激で、雲のように胞子を放出します。あるものは子実体が完全に裂け、あるものは孔口から胞子を噴き出します。

パフボール型のきのこはどこにでもあって目立つため、「妖精の屁」や、やはり空気中放出を感じさせる「悪魔の嗅ぎ煙草入れ」など何十もの民間名があります。インドの一部では、チビホコリタケ（*Bovista pusilla*）をghundi（グンディ、雷の糞）と呼びます。マラウィでは、チェッカード・パフボール（*Calvatia bovista*）はngoma wa nyani（ンゴマ・ワ・ニャニ、ヒヒの太鼓）です。メキシコでは、ツブホコリタケ（*Lycoperdon umbrinum*）をju'ba'pbich（フバビチュ、星の糞のきのこ）と言うことがあります。

きのこを天と結びつける伝統はパフボールでも見られ、木星から来たと考えられることもありました。魔法のお守りとして身につけたり、砂礫を詰めて打楽器にしたり、魔女の儀式に使ったり、火を熾す時の火口（ほくち）として大切にされたり、潰していぼ取りの

軟膏にしたり、蜂の巣に胞子を吹き込んで蜂を大人しくさせたりもしたのです。いくつかの民族は、パフボールを乾燥して悪魔除けのお香にしました。チベットではインクの材料にしました。また、稲妻と結びつける伝承も多く、インドやバングラデシュのサンタル族にその伝統が見られます。彼らはこのrote putka（ローテ・プトカ、ヒキガエルの精の植物）は雷雨で生まれ、魂があると考えるのです。

見方によって、一部のパフボールには宝石が刺さっているようにも見えれば、いぼだらけにも見えます。真っ白のこともあれば、彫ったようなこともあり、転がったり、ナシ型だったり、スミレホコリタケ（*Calvatia cyathiformis*）の場合は古い形のパンの固まりにも見えます。オークニー諸島のスカラ・ブレイやハドリアヌスの長城近くのヴィンドランダで見つかったクロシバフダンゴタケ（*Bovista nigrescens*）から、トレンディな今風のシェフのキッチンまで、本物のパフボールは私たちにも馴染みがあります。しかし、猛毒のきのこの中に、若い間はパフボールにそっくりなものがあることは、よく覚えておかなければなりません。あらゆるきのこは、手を出すなら慎重に。

p.77 セイヨウオニフスベ（*Calvatia gigantea*）。アンナ・マリア・ハッシー『英国菌類図譜』、1847〜55年。若いうちは食用になる。

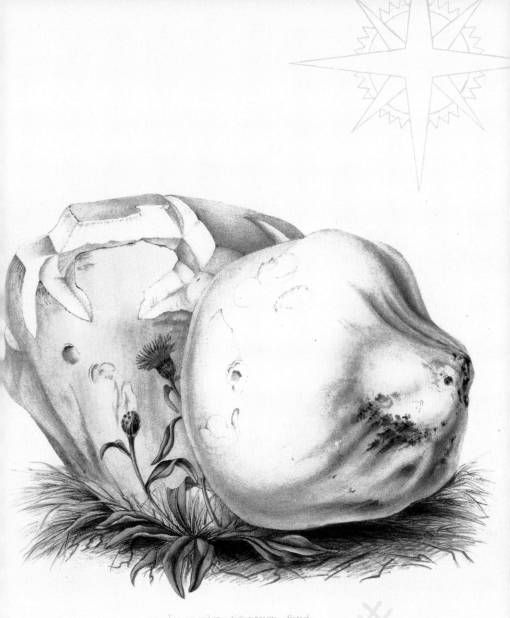

Lycoperdon giganteum, *Batsch*.

Chapter 5

Fungus in Food

第5章 きのこと料理

人類は有史以前からきのこを食べてきました。

しかし何千年もの間、

カビやイースト菌など、別の形の菌も、

きのこと同じ仲間とは知らずに利用していたのです。

菌の文化がなければ、パンは膨らまず、

ビールは泡立たなかったでしょう。

パン屋、醸造所、チーズ屋、

その他食品製造に携わる人たちは、

その豊かな伝統の恩恵を受けています。

一部の珍重された種類を除けば、
きのこは無一文でも手に入れられる無料の食べ物でした。

　ですから、世界中できのこは最も貧しい人たちの命綱とされてきました。トンガにはMweenzu wa fulwe ulalila bowaという言葉があり、「カメはお客をきのこでもてなす」という意味です。お客だからと言ってご馳走を期待するな、という戒めなのです。

　きのこ狩りは経験による知識と運の合わさった行為ですから、複雑な迷信が生まれたのもそれほど驚くには当たりません。多くの伝承で、きのこを見つけた時、もっと大きくなってから採ろうと、採らずに置いておいても、いつの間にか消え失せてしまうと言います。スロヴェニアでは、探しているきのこの名前を決して口にしてはいけないと言い、カリフォルニアの炭鉱夫社会では、服を1枚裏表に着るとたくさん採れると言いました。

　ザンビアでは、きのこ集めは主に女性の仕事で、食べ方は母から娘へと伝えられました。市井の人の方が科学者よりきのこに詳しいこともよくあります。学名を *Termitomyces titanicus* というきのこは1980年代になって「発見」されましたが、西アフリカの市場では何世紀も前から売られ、食べられていました。このきのこは直径が1m以上にもなり、あまり大きいので、童話ではガゼルやヒガシグリーンマンバのような毒蛇まで隠れ家にすると言います。実際には、このきのこはシロアリの塚に生え、両者は典型的な共生関係を築きます。これまでどんなに大きいきのこを採ったかという炉辺の自慢競争は、ヨーロッパの「釣り師の話」と似たり寄ったりです。

　きのこ狩りから物語が生まれることはあっても、栽培はおよそ成功を生みませんでした。パリでは何百年もの間、数々の大聖堂建設のために人夫たちが地盤を切り開き続けたことで、徐々に市街地の地下すぐの石灰岩中にトンネルのネットワークが張り巡らされました。今ではそのネットワークが地下墓地となり、パリ市民600万人の人骨で埋まってるのは有名な話ですが、第2次世界大戦中は、この通路にヒトラーの破滅を画策するレジスタンスのメンバーが隠れていました。でもここは、19世紀には、いわゆるマッシュルーム、「パリのきのこ」とも呼ばれるrosé des près（ロゼ・デ・プレ）の王国でした。一部の人は、マッシュルーム（*Agaricus bisporus*）栽培はナポレオン軍の脱走兵が初めて成功したと言い、またある人は、シャンブリーという農夫の発案だと言います。いずれにせよ、迷宮のような地下トンネルは適度に湿気があり、温度は1年を通じて12℃と一定で、岩盤に含まれるミネラルが、マッシュルームに深い味わいを加えたのです。残念なことに、この生産は19世紀末、おそらくメトロの誕生とともに絶えてしまいました。

　さて、カビの生えた食べ物は貧困の究極のシンボルです。多くの民話で、カビの生えたパンの最後の一片は絶望を表します。飢え渇いた心を示すこともあります。耐えられない辛さの象徴となって主人公を世間に送り出し、家族の食べ物を探させたり、運試しを強いたりするのです。スウェーデンの民話『召使いラース』では、落ちぶれた公爵が森で無人の小屋を見つけます。公爵は中に入り、カビの生えたパンでもないかと引き出しを開けると、入れ子式にどんどん小さくなる箱がたくさん見つかりました。

最後の箱の中に紙切れが入っており、公爵の願い

p.81 きのこ狩りの様子を描いた、
水野年方の木版画。

を叶えると言います。公爵はうまくこれを使って、囚われのお姫様を得たのでした。

　現実世界でも、カビは決して常に悪者というわけではありません。発酵というプロセスは、食物を保存し、よりおいしくもしてくれます。ニホンコウジカビ（麹菌、*Aspergillus oryzae*）は醤油など発酵食品の成分を分解します。日本では麹という言葉を別の菌にも使いますが、ニホンコウジカビが最初に文献に登場するのは紀元前2世紀の中国です。儒教の経典の1つ『周礼』はどの公職がどの公務を担当するかなどを述べた書で、食用のカビを扱う役人まで書いてあるのです。

　日本では、麹は清酒や味噌の醸造に利用されます。清酒は酵母発酵の賜物ですが、それにはニホンコウジカビが蒸し米をグルコースにまで分解し、酵母を活性化しなければなりません。味噌の方は主に大豆を塩と麹で発酵させて作り、圧倒的な風味とたまらない芳香を与えます。日本神話は、味噌は神の贈り物で、健康と幸福と長寿をもたらすと述べています。味噌は、みすぼらしい老人の姿をした貧乏神を人々の家から追い出すのにも使われました。また、家財道具が100才になると、付喪神になって魂が与えられるのですが、最も強力な付喪神の1つは甕長という酒がめの付喪神で、決して空っぽになることはありません。しかし、日本の新しい妖怪の中で最も恐ろしい口裂け女と酒との関係は謎のままです。ひょっとして、美人がマスクを取ると口が耳まで裂けているのを見たという人は、お酒を少し飲みすぎていたのでしょうか。

　すばらしい「うまみ」という味は、今日では特にアジア料理のものとされていますが、何世紀もの間、世界では知られていませんでした。ジオ・ワトキンスの、塩辛くスパイシーなマッシュルーム・ケチャッ

プがまさにうまみの典型ですが、イギリスで発売されたのが1830年で、今なお販売されています。瓶のデザインはヴィクトリア時代からほとんど変わりません。

　チーズ製造において、動物性のレンネット（凝固酵素）の代わりに菌類の酵素を使うことがありますが、ブルーチーズではカビが不可欠です。ブルーチーズという文化は、アオカビを導入し、ぴりっとした刺激のある青い縞模様を作るのです。フランスのロックフォールの伝説によると、ある羊飼いが洞窟の中で昼ごはんにチーズをかじっていたところ、美しい娘を見かけ、後を追って走り出しました。見つけられずに洞窟に戻ってきた時には、チーズはかびていました。羊飼いが仕方なくそれを食べると、至福のチーズになっていたというのです。イタリアのゴルゴンゾーラはやや薄い縞模様が出るため、グリーンチーズと呼ばれることがあります。秋、冬に備えて放牧から戻ってきた乳牛から絞った濃い牛乳で作ったものが最高だそうです。どちらのチーズも誇らしげにキング・オブ・チーズを謳い、イングランドで有名なスティルトンも我こそ王だと競います。これらのチーズ以外では、ブリーやカマンベールなどが、食べられる白カビの「皮」で守られて熟します。これも限りなく適応力の高いアオカビの変形なのです。

　料理できのこを使うには、勇者の幸運と生命の危険の間でデリケートなバランスが必要です。たとえば、メキシコの美食家は、ウィトラコチェを最初に食べてみた先祖に大いに感謝しなければなりません。ウィトラコチェはメキシコ・トリュフとも呼ばれますが、実はトウモロコシ黒穂病にかかったトウモロコシです。ナワトル語で「眠ったいぼ」や「カラスの糞」を意味する言葉から名付けられたのでしょう。灰色の病原菌はトウモロコシの穂に感染し、大きく膨らませて、理屈では駄目にしてしまうはずなのに、アステカ時代から、何でも食べる大食家たちがウィトラコチェを卵やタマネギ、肉と一緒に味わってきたのです。

p.82 *Ustilago maydis*という菌が引き起こすトウモロコシ黒穂病。トウモロコシの粒が膨らんでこぶになってしまう。キューガーデンのきのこ博物館所蔵の標本より、シャーロット・アムハースト画、2022年。

Matsutake
マツタケ（松茸）
Tricholoma matsutake

日本人は季節感を非常に重視し、
春には花見、冬には雪見を楽しみます。

マツタケは昔から季節の味覚でした。9月や10月に贈答用にされるのです。肉厚で香り高い森のきのこで、スパイスやシナモン、そして秋の香りがする高貴な食材とされました。御所に仕える女房は、「まつたけ」と言いたいときは、尊敬を表す接頭語「お」をつけて「おまつ」と言わなければならなかったそうです。

ヨーロッパの貴族が狩猟を楽しんだように、日本の宮廷は季節の行事としてきのこ狩りに出かけましたが、今日の多くの採取者と同じく、マツタケがよく採れる場所は秘密にしていました。田舎の人々はペニスに似たマツタケの形を下品な冗談にしていましたが、マツタケの採れる場所を隠そうとする人たちの笑い話も、目配せしながら語るようになりました。自分たちはマツタケを食べるのを禁じられていることへの憂さ晴らしだったのかも知れません。

主にマツの仲間と共生し、外生菌根を作るため、マツタケは商業的な栽培が難しく、野生のものを採るしかありません。しかし、1905年に日本の森林はマツタケの宿主を枯らしてしまう松食い虫で荒れ始め、それ以降、マツタケの収量は右肩下がり

です。とは言え、マツタケの仲間はアメリカやカナダなどどこにでも生えるので、市場が拡大すると、山の持ち主は利益と雇用のため、木材の代わりにどんどんこのきのこの方を採るようになりました。

マツタケは等級別に販売され、大きくてしっかりし、傘がまだ開かず風味と香りを閉じ込めている一級品から、虫食いでもまだ値打ちのある下級品まであります。日本の法律上、販売前にきのこは水洗いするよう求められますが、洗うとマツタケの香りが損なわれるので、多くの業者が無視します。最も高値で取引されるのは、京都に近い丹波の森で採れた国産マツタケです。

日本以外の人々は、日本産ほどではないけれども香りのよいアメリカマツタケ（*Tricholoma magnivelare*）を喜びます。マツタケの仲間は長く薬用にされてきたほか、香水製造で分泌物を珍重するジャコウジカにとって重要な餌でもあります。しかし、昔から食材としての値打ちがあまりに高いため、もっと有益な薬効が見つからないと治療には回らないでしょう。

p.85 オウシュウマツタケ（*Tricholoma caligatum*）は食べられるが、日本のマツタケには劣るとされる。

N.º 21

Porcini
ポルチーニ
Boletus edulis

Boletus edulis が時にボレーテ王と呼ばれるには理由があります。
世界一欲しがる人の多い食用きのこの1つだからです。

学名の後半、*edulis* は「食べられる」という意味です。前半の *Boletus* はギリシャ語の bolos「粘土の塊」か、boletaria「ボレタリア（古代ローマのきのこ料理用の鍋）」から来たのでしょう。柄が太いため、フランスでは cèpe（セペ）、つまりガスコーニュ方言の「胴」と言います。イギリスできのこを採る人に「ペニー・バン」と呼ばれるのは、昔1ペンスで売られていた「バン」という小さなロールパンに似ているからで、白い粉が吹くところも薄く小麦粉がかかったように見えます。スカンジナヴィアでは karljohansvamp（カールヨハン・スヴァンプ、カール・ヨハンのきのこ）と言います。19世紀スウェーデン・ノルウェー連合王国の名君、カール14世ヨハンから名付けられました。採れる地域ではどこでも賞賛されるきのこです。子実体は生でもお腹を満たす食べ物になり、そのためロシアでは肉を絶つ四旬節*などの季節に喜ばれました。しかし、乾燥させると一層特徴的な強い風味を増し、1年中食べられます。

古代ローマ人はこのきのこを *suillus*（スイルス、豚のきのこ）と呼びました。現代イタリア語でもポルチーニ、すなわち「子豚」と呼ぶのと同じで、丸々した茶色の子豚を思わせる名前です。ローマの詩人ユウェナリスは、ポルチーニを上流階級専用食材にし、他の人々はもっと下級なきのこですませるべきだと思っていました。一方、博物学者のプリニウスは薬としての可能性に触れました。彼は、ポルチーニが下痢や痔、そばかす、犬の噛み傷などによいと書いています。実際、民間療法で長く使われてきました。ボヘミアの木こりはガンの予防にこのきのこを食べ、ラトヴィアではしもやけで足が痛くなった時の薬にするだけでなく、胃痛や一部の心臓の症状の緩和にも使いました。伝統中国医学では、ポルチーニは伝統的に腱を緩める治療の1つに使われます。

主に落葉樹林や針葉樹林に生え、森林の端や森林中の開墾地など日陰の混じる明るい場所を好みます。ほとんどが外生菌根を作り、樹木と共生します。ポルチーニの菌根のお陰で、樹木は土壌からより簡単に養分を吸収でき、ポルチーニも樹木から養分を得られるのです。

イタリアの天気に関する伝承では、ポルチーニは新月に生えると言いますが、ポルチーニ狩りは満月の夜が最適という伝承もあります。いずれにせよ、タイミングを慎重に測るのが不可欠です。早く採りすぎるとまだ小さくて味も足りず、遅すぎるとウジ虫だらけになるからです。子実体が育つきっかけは、暖かい天候の後に降る雨で、特に秋に雨の多い年を「ポルチーニの年」と言います。

*四旬節（し じゅんせつ）：カトリック典礼暦でいう、復活祭前の40日間の準備期間のことで、贅沢な食事を慎む習慣がある。

p.86 ヤマドリタケ（ポルチーニ）（*Boletus edulis*）。キューガーデンの菌類学者、エルジー・M. ウェイクフィールド画。キューガーデン・コレクション、1915～45年頃。

Bread and beer
パンとビール

神の国を何にたとえようか。パン種に似ている。
女がこれを採って3サトン*の粉に混ぜると、やがて全体が膨らむ。
（ルカによる福音書13章20〜21節）

やや曖昧なところもある「パン種のたとえ」は、何か非常に小さいもの（イースト）を大きなもの（小麦粉）に加えると、不思議にも一層大きくなることを指すと一般に考えられています。つまりそれが、ささやかに始まり、大きく膨らんでいく神の国なのです。

単細胞で何億年も前から存在するコウボキン（イースト菌）は、1,500種類以上あります。全て私たちの知る最古の「食品添加物」になっています。

2018年、考古学者たちは、イスラエルのラケフェト洞窟でビール醸造の痕跡を発見しました。13,000年前のもので、それまで最も古かった5,000年前の中国北部のビールをやすやすと抜き去ったのです。一方、パンは14,400年ほど前からありますが、パン生地を酵母で発酵させる作り方はずっと後のものです。一部の研究者は、古代メソポタミア人が発酵パンを焼いたと考えていますが、これまでのところ、最古の証拠は紀元前1000年頃のエジプトのものに過ぎません。

コウボキンは有糸分裂によって無性生殖し、元の細胞が同一の細胞2つに分裂します。パン酵母（コウボキン、Saccharomyces cerevisiae）は、分裂する際に炭水化物を二酸化炭素にし、最終的に発酵によってアルコールに変えます。これは自然に起こることで、たとえば熟した果物では糖を経てアルコールになりますが、穀物に入れると、二酸化炭素がパンを膨らませたり穀物製のビールを泡立てたりするのです。

ビールでは、コウボキンはモルト、すなわち発芽させたオオムギの糖分に作用します。初期のビールは、大気中でゆっくり増殖する天然酵母から風味を得るに任せていたのでしょう。今日、この伝統はベルギーのパヨッテンランドで作られるランビックビールなどの醸造で続いています。ここでは醸造樽を開けたままにして、その場所の天然酵母を利用するのです。その時にいた酵母次第で、醸造の度に出来は変わります。ランビックビールに入る可能性のある酵母は80種もあるからです。しかし、それぞれの菌の数が少ないため、大量生産には向きません。

ビールと同様、初期のパンも大気中の天然酵母から増えた菌で作られたようです。2020年、その考え方は、新型コロナでロックダウン中に家庭でのパン作りが流行したことでよみがえりました。パン酵母が突然品薄になったため、発酵生地を発酵のスターターにしたのです。

ブルガリアでは、酵母発酵のパンは治療や回復の効果があると考えられました。膨らむ力が弱まっても「再生」することができるからです。「パン種保

*サトン：体積の単位。1サトン＝約12.8ℓ

p.89 パン酵母（コウボキン、*Saccharomyces cerevisiae*）細胞の顕微鏡観察図。

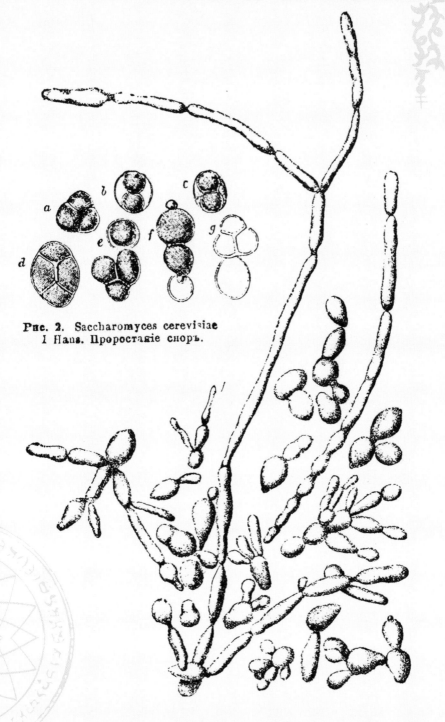

Рис. 2. Saccharomyces cerevisiae
I Hans. Проростаніе споръ.

Рис. 1. Saccharomyces cerevisiae I Hans. Клѣтки и мицеліевидныя
образованія въ пленки на старой культурѣ.

存の儀式」は12月20日の聖イグナシウスの日に始まり、1月1日の聖バシレイオスの日まで続きました。

　ヨーロッパ全域で、ドイツのプレッツェル、ベルギーのスペクラース（speculaas、スパイス入りビスケット）、スウェーデンのルッセキャッテル（Lussekatter、サフラン入りロールパン）などといった、ド

イツ語で言うゲビルトブロート（Gebildbrot、様々なものの形のしたパンや焼き菓子）は、ある決まった状況で悪霊を追い払うものでした。

　パンはほとんどの国で主食なので、発酵パンの塊にはありとあらゆる迷信や習慣がついて回ります。ベドウィンの人々にとって、よく膨らんだパン

の塊は大家族と富を意味します。アラブ社会の一部では、幸運を招くため、花嫁は花婿宅の玄関の上框(あがりがまち)にハミレー(hamíreh、発酵のスターターにするパン生地)を少しのせました。トルコでは、祈りを呼びかけるアザーンの後では、決して隣人にイーストをあげてはいけないとされています。

　パンが生命にとってあまりに大切だったせいでしょうか、多くのパンの迷信が死に触れています。例えば、成形中にパン生地がひび割れたら、お葬式が近いと言われました。パンの中に大きな空洞があるのも近々誰かが亡くなる兆しで、穴はその人のお墓を表すのです(逆に、そのパンを焼いた女性が妊娠するしるしとする伝承もあります)。ヨークシャー地方では、パン生地が膨らまなかったら近くに死者がいると言います。

　ビールや醸造と関係のある神様や精霊、悪魔、英雄は100人以上います。マヤのお酒の神アカン、リトアニアの穀物の女神ガビーヤ、ローマとギリシャの酩酊の神バッカスとディオニューソス(同一)などです。ノルウェーの海神エーギルは、一番の顧客である雷神トールから与えられた巨大な樽でビールを醸します。一方、神々の階級の底辺には、醸造をするドイツの家の精、ビーザルなどがいます。毎年2月28日、フィンランドでは国の叙事詩カレワラを祝う祭りを行い、古代の口承伝承の伝統を守っていますが、カレワラの中には1章まるごとビール醸造について述べた章があり、人類の起源を語る章の倍も長いのです。その章で、ビール醸造の女神オスモタールは混合液を大釜に作って沸かし、「しみこませ、落ち着かせ、泡立たせ」ます。この書き方はまるで魔法の調合薬のようですが、ある意味ではそうでした。誰にも、オオムギとホップが泡立ち、ついにはお酒になる理由がわからなかったのですから。

　古代の人々は酵母とビールの関係を知らなかったせいか、発酵専門の神様はほとんどいません。「酵母の神」候補があるとしたら、リトアニアの神、ラウグパティスでしょう。穀物に命を与え、膨らませ、パンやビールを作れるようにする神だからです。

上　悪魔と飲み交わす修道僧の版画。
エディス・W.ロビンソン
『ヨークの伝説:聖ユークンドゥスの詩』、
ジョージ・ホジソン画、19世紀。

Morel family
アミガサタケ科
Morchellaceae

アミガサタケ科について述べる中で、
プリニウスは蜂の巣状の空洞をスポンジのようだと書きました。
実際、この科の多くの種が見事な木彫のスポンジのようです。

人類はアミガサタケ科の多くの種類を採集してきました。大変珍重されるので、熱心なきのこ好きは専用の採集棒を手に、毎春、大切な数週間の間、収穫場所の番をします。アミガサタケ科は豊かな森の風味とスモーキーな香りがありますが、菌類学者のロバート・ロジャーズは、熱を加えると胃を刺激する作用がなくなるため完全に火を通すよう、そして煙に混じる有害なヒドラジンを屋外に出すため、調理は換気のいい場所で行うよう警告しています。

アミガサタケ科はそれぞれ見た目が大きく異なり、色は薄いクリーム色から黄色、茶色、ほぼ黒に見えるものまであり、長くて円錐形のものや短くて丸っこいものもあります。しかしいずれも深い凹凸があり、深い襞のような形から小さな箱をきっちり並べたような形まで様々です。薄いクリーム色か黄味の茶色をしたアミガサタケ（*Morchella esculenta*）は、石灰質の土とまばらな森を好みます。ブラック・モレル（オオトガリアミガサタケ、*Morchella elata*）は白い柄に黒い円錐形の傘があり、北米先住民族では、これが何に似て見えるか意見が分かれます。モホーク族は「陸の魚」のようだと言い、オノンダガ族はペニスに似ていると思い、カユーガ族は耳っぽいと考えました。しかし、ポーランドにはもっと暴力的な由来譚があります。悪魔が森で老婆に会った時、機嫌が悪かったので、老婆を切り刻んで地面にまき散らすと、そこからアミガサタケが生えたというのです。ロシアではスモルチキ、つまり「きのこの王子」と呼ばれます。ロシアの農民はこのきのこの収穫を増やすため森を焼いていましたが、多くの森林火災を招いたことから、1753年には禁止されました。また、第1次世界大戦下のフランスでは、家屋が爆撃を受けると、そこで異様にアミガサタケが穫れるという思わぬ結果をもたらしました。ロジャーズは、1980年に起こった有名なアメリカのワシントン州セント・ヘレンズ山の噴火後も、アミガサタケが大豊作になったと書いています。もっと幸運な人もいて、庭にウッドチップのマルチ（保護の覆い）をすると、チップの間からアミガサタケがどんどん生えたそうです。

シャグマアミガサタケ（*Gyromitra esculenta*）で注意すべき点は、このラテン語学名が「食べられる」を意味するのに、実際は食べられないことです*。全く別のシャグマアミガサタケ属のこのきのこは、ヨーロッパの一部で食用にされることもありますが、極めて危険です。腎臓や肝臓、中枢神経を害する恐れがあります。シャグマアミガサタケは、本物のアミガサタケが凹凸の深い円錐形なのに比べると、皺のある焦げ茶色の脳みそのようです。少しでも疑いがあれば避けましょう。

*監修者注：毒菌ではあるが、欧州では古くから煮沸し、毒抜きをして食用としてきた。缶詰も販売されている。

p.93 アミガサタケ（*Morchella esculenta*）。アンナ・マリア・ハッシー『英国菌類図譜』、1847～55年。

Morchella esculenta, *Dillen.*

1796 Published by J. Sowerby London

Agaricus cantharellus

Chanterelle
アンズタケ
cantharellus cibarius

ロシアではアンズタケをリスチュキ、「小ギツネ」と呼びます。
リトアニアでは「雌ギツネ」で、処女性のシンボルとされますが、
これは例外的です。ほとんどの文化では、
アンズタケをはっきりと男根の力強さに結びつけているからです。

多くの社会で、アンズタケのひらひらした縁を若鶏がひけらかすトサカに見立てます。一部のオランダのきのこ好きは、まさにこれをハーネカーン（hanekarn、雄鶏のトサカ）と呼び、イタリア人はガリナッチョ（gallinaccio、七面鳥の雄）と言います。ワッソン博士は、フランス語のシャントレル（chanterelle）というこのきのこの名前と、中世民話で鬨の声を上げる雄鶏、シャンティクレールの名前の類似性を指摘しました。とは言え、世界中でこういった命名がされているわけではありません。コロンビアの先住民族では「小魚の嚢」という意味の名前で呼び、サーモンと一緒に食べます。ドイツ名のプフィファリンゲ（Pfifferlinge）は、わずかに感じられるコショウのような風味を指します。アンズタケは明るい森の地面・下草に育ち、外生菌根性でナラ・ハシバミ・ヨーロッパグリ・カバノキなどと共生します。また、マツ林の乾燥した落ち葉の層に生えることもあります。18世紀の伝承では、死者の口にアンズタケを入れると生き返るとされました。他にアンズタケ科には、オレゴン州のきのこ、パシフィック・ゴールデン・シャントレル（*Cantharellus formosus*）などがあります。赤い種類のベニウスタケ（*C. cinnabarinus*）はカロテノイドの一種、カンタキサンチンを含みますが、これは海性甲殻類にもある色素で、甲殻類を食べるフラミンゴなどがピンクなのはこの色素のためなので

す。日焼け用オイルなどに使われることもあります。

アンズタケは最高の食用きのこの1つとされています。ワッソン博士によると、ノルウェーとスウェーデンでは森のきのこで唯一価値があると思われていますが、この傾向は急速に変わりつつあります。実際、これまできのこを忌避してきた多くの国々で、きのこ狩りが流行し始めているのです。全体的にはいいことですが、ごく一部の人がたくさんのかごを持って（もっと持続可能性に反することにはトラックで）森に分け入るせいで、きのこの供給が脅かされ始めているのも確かです。

資源保存のため、一部の国や地域ではアンズタケなど食用きのこの採集量を制限しています。たとえばフレンチ・アルプスのオート・サヴォワ県は、個人なら500gまで、車1台につき1kgまでです。

そして、たとえきのこ狩りが許可されている地域でも、採る前に専門家の意見を仰ぎましょう。よく似たウスタケ（*Turbinellus floccosus*）で具合が悪くなることがあります。ヒロハアンズタケ（*Hygrophoropsis aurantiaca*）、あるいはもっとオレンジ色の濃いジャック・オ・ランタン（*Omphalotus olearius*）はより毒性が強いです。

p.94 アンズタケ（*Cantharellus cibarius*）。
ジェイムズ・サワビー『英国産菌類・きのこ彩色図譜』、1795〜1815年。

Shiitake
シイタケ（椎茸）
Lentinula edodes

「鋸の歯」「黒い森」「金の樫」のきのこなどの別名を持つシイタケは、
世界で最もよく知られた食用きのこの1つです。
消費量ではマッシュルーム（*Agaricus bisporus*）に次ぎますが、
風味は明らかにシイタケが上です。

シイタケという名前は、自然界で最も一般的な宿主、スダジイ（ブナ科シイ属。*Castanopsis*）ときのこを意味する「茸」からつきました。中国名の香菇（クーグー）は「香りのよいきのこ」という意味です。しかし、何千年もの間、伝統中国医学や日本の漢方にも取り込まれ、ガンやメラノーマから蜘蛛状静脈まで、多くの治療に使われてきました。その細胞再生や皮膚の引き締めの作用から、シイタケ抽出物を成分にした化粧品もあります。

日本では少なくとも紀元後200年には知られていました。後にはその土地の人々がシイタケを大王に捧げたという話が伝わっています。1100年頃、中国の伝説的な「シイタケの父」、貧しい木こりだった呉三公が、自分が切ったばかりの木にきのこが生えていることに気づき、それが今では市場規模数兆円の栽培産業の始まりだったと言われます。

シイタケはスモーキーな香りが豊かで、幅広い料理に合います。生より調理したものが最高で、ありがたいことに加熱しても栄養は失われません。和食では柱となる食材の1つで、肉厚で丸く、あまり傘の開かない冬菇（どんこ）や、薄くて傘が開いた香信（こうしん）等として使い分けられています。

シイタケはヨーロッパでは自生しませんが、新しく買った中サイズのほだ木で育てるのは簡単です。ナラ材がベストだと思われますが、ほとんどの広葉樹が使えるでしょう。種菌は種駒などにして販売されており、ほだ木の穴開けや封が簡単にできる道具と一緒に、オンラインで簡単に買えます。ほだ木に植菌するには、7〜10cm感覚でほだ木に穴を開け、シイタケの種菌を入れて封をします。植菌したらほだ木を積み上げ、覆いをして水分と暗さを守ります。菌糸が十分回るまで3年かかることもありますが、菌糸が回ったら、そのほだ木を数時間から24時間冷水に浸して刺激し、子実体を発生させます。3〜5日後、芽（小さなきのこ）が生え、それが数日で収穫できるきのこに育ちます。収穫後のほだ木は次の植菌まで数ヶ月休ませる必要がありますが、よく手入れしたほだ木は年に4回の収穫を最長で7年間続けることが可能です。

p.97 シイタケ（*Lentinula edodes*）。
マルコム・イングリッシュ画、2022年。

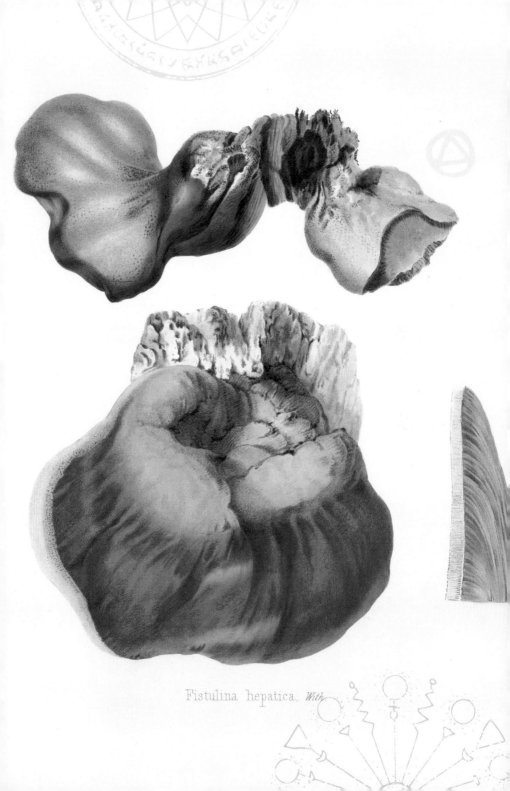

Fistulina hepatica. With

Beefsteak fungus
カンゾウタケ
Fistulina hepatica

洞のある木は民話を生み出す背景になります。特にイギリス諸島では、
しばしば実在する木にまつわる伝承が生まれました。
何世紀もの間、若葉の飾りをつけて木の周りで踊った良王アンリや、
善き女王ベスの物語で彩られてきたのです。

今は虚ろな皮だけになっていても、それらの木はすべてを見てきました。柵に使われ、隠れ家にも、監獄にも、パブにも、ときには絞首台にもなりました。一方、空洞のある木は癒やしの場所にもなりました。病人が這って入り込み、自分の病気を木に移すのです。しかし、菌がなければ、こういった尊ぶべき巨木には今なお硬い芯があったことでしょう。

サルノコシカケ形のきのこは小さな棚か鼻のように木から生え、木の芯から養分を得て子実体を育てます。カンゾウタケ（*Fistulina hepatica*）はその典型で、最も一般的にはナラの木の、もう活動を止めた木部を消費し、死んだ木の中に蓄積・封印されていた養分を取り出します。宿主となる木の方も、きのこが生成する堆肥のような養分に根を伸ばすことにより、恩恵を受けられるのです。

封を解かれた養分は、非常に多くの無脊椎動物やその他の生物の住処となります。木の中心は空洞になりますが、板根を発達させ、より軽くて丈夫な円筒状になるため、年を経ても折れにくくなるのです。このような木はおそらく、ヨーロッパの地上で最も生物多様性に富んだ微生物生育環境でしょう。

和名のカンゾウタケも英名のbeefsteak fungus（ビーフステーキのきのこ）もよく名付けたものです。少なくとも見た目はその通り。外見は肝臓にそっくりで、切れ目からは内側の赤身のようなところが見え、ヒレステーキのような網目模様が入っています。若いうちは「血」さえ出します。きのこを切ると赤い液体が滴るのです。しかし、食べると、多くの人が硬くて皮のようだと思うでしょう。アスコルビン酸（ビタミンC）を豊富に含むため、古くなると苦みが増しますが、栄養上の価値はあります。ナチュラリストできのこ採り名人のリチャード・メイビーは、刻んで濃い味付けで調理するといいと言いますが、それでもまだ酸味は残ると注意しています。

新鮮な肉にこれほどそっくりな、興味深い外見の割には、このきのこにまつわる民話はあまりありません。ですが、きのこの働きに関する物語はたくさんあります。オランダのソーレンの森には、洞のある木に現れる幽霊のように真っ白な女性の話があり、スカンジナヴィアのフルドラ（huldra）は、暗い木の洞から人を誘惑する超自然的な存在として知られます。ウェールズのナント・グゥスェヤンには、新婚初夜に花嫁をさらってしまうがらんどうのナラの木があり、そしてウェールズの革命家、オワイン・グリンドゥールは殺した従兄弟のハイウェル・セレをナンナウの森の締め殺しのナラの木に葬りました。そう、このヒレステーキもどきのきのこと仲良しの、芯の朽ちた木がなければ、民話はずっとつまらないものになったでしょう。

p.98 カンゾウタケ（*Fistulina hepatica*）。アンナ・マリア・ハッシー『英国菌類図譜』、1847〜55年。

Truffles

トリュフ

Tuber melanosporum,
Tuber magnatum

世界で最も垂涎の的である食材、「黒いダイヤモンド」。
古代から美食家に賞賛されてきましたが、科学の世界では、
これがなぜ人間をそれほど魅了するのか、まだ議論が分かれています。

希少な黒トリュフ（*Tuber melanosporum*）は主にフランスとドイツで産し、原産地のイタリアでさえ滅多に見られない近種の白トリュフ（*Tuber magnatum*）との比較はよく目にするところです。いずれも巨額と引き換えに人の手を渡っていきます。

セイヨウショウロ属は、共生のお返しに宿主の栄養吸収力を増す外生菌根菌です。ナラの木やハシバミの木の地下で育つことが知られるトリュフは、地表近くで強い芳香を放つので、森林性の動物を惹きつけ、食べる代わりに胞子を拡散してもらいます。人間は長い間この関係を利用し、犬や豚を、トリュフを見つけるよう訓練してきました。彼らをコントロールして、彼らが見つけたきのこを掘るちょうどそのタイミングで引き戻すのです。トリュフ狩りに一番いいのは若い雌豚だと言われます。

古代ローマ人も、現代のイタリア人と同じくらいトリュフが大好きでした。詩人のユウェナリスが穀物の不作の方がトリュフの不作よりましだと言ったのは、きっと半分本気だったでしょう。ラテン語の名詞がだんだん崩れてイタリア語のtartufoやスペイン語のtrufa、フランス語のtruffe、英語のtruffleになりました。英語のtrifle（つまらないもの）という言葉もtruffleと同語源と思われますが、意味は180度変わってほとんど価値のない浅薄なものを指すようになりました。

ルネサンス時代のヨーロッパでは、トリュフは贅沢ながらも人気の珍味でした。当時24才だったイングランドの作家ジョン・イーヴリンが、1644年9月30日にフランスのヴィエンヌで経験した通りです。彼は「訓練された豚が見つける一種の塊茎（かいけい）で、その味は比類がない」と書いています。

トリュフで長く信じられてきた俗信の1つは、よく効く媚薬だということです。最近の研究で、セイヨウショウロ属の成分の1つ、αアンドロステノールが発情期のイノシシの唾液にも含まれることがわかりました。雌豚がトリュフの子実体を見つけるのがうまい理由はこれだと思われます。αアンドロステノールは人間の男性の汗と女性の尿にも含まれますが、人間の性的嗜好との直接的関係はまだわかっていません。

多くの菌類と同じく、トリュフも森林破壊や大気汚染、乱獲の犠牲になっています。一部のトリュフは野生種を採るしかありませんが、トリュフを感染させたナラやハシバミの苗を農園に植えて育てることで栽培できます。個人でも同じように植菌した木を買って自宅で試すことができるのです。ただし、残念！うまくいくかどうかは保証の限りではありません。

p.101 黒トリュフ（*Tuber melanosporum*）。
アンナ・マリア・ハッシー『英国菌類図譜』、1847〜55年。

Tuber cibarium. Sibth.

Chapter 6

Fungus in Art

第6章 きのことアート

きのこには、どこか見た目に

心惹かれるものがあります。

伝統的にきのこ嫌いとされる国々の美的な好みは

容易に想像できますが、

彼らもきのこを描くことについては無上の喜びとしてきました。

大理石の建物の正面（フリーズ）に浮き彫りされた

古代ギリシャ人は、恭しくきのこを贈り合っています。

ローマのモザイク装飾の床や壁は

きのこがたっぷり描かれ、

皿にも鉢にもかごにもきのこが溢れ、

料理人のテーブルにぶちまけられていたり、

大食漢の玄関に届けられていたりします。

一方、初期のキリスト教美術では、

アダムとイヴの追放の元になった知恵の木を

きのこに似せたように、きのこを邪悪なものとしました。

絵画と挿画

ヴァレンティーナとゴードンのワッソン夫妻は、中世以降の美術で最初にきのこを描いたのは、ヒエロニムス・ボスの『乾草車の三連祭壇画』だと考えました。3枚の板絵の中央のパネルには、ボスの作品ではお馴染みの奇妙な人々と気味悪い生き物の狂乱が描かれ、中央の金色に輝く乾し草を満載した馬車の隣に、大きなヤマドリタケ属のきのこがあります。ワッソン夫妻は、これは貴重なポルチーニ（ヤマドリタケ、*Boletus edulis*）ではなく、「悪魔のポルチーニ」と呼ばれる *Rubroboletus satanas* だろうと推測しました。ボスの描いたきのこには、*Rubroboletus satanas* に特有の赤い柄がない以上、その推測の理由は判然としませんが、当時のキリスト教徒のきのこの見方には合致します。

矛盾した態度は何世紀も続きました。美しい17世紀の静物画にはきのこが描かれた作品があります。たとえばシモーネ・デル・ティントーレなどのイタリアの画家や、名前のわからないスペインの画家の作品などですが、いずれもきのこ嫌いとされる国でした。しかし同時期、オットー・マルセウス・ファン・スリークはきのこを滅びの象徴として描いています。彼の『昆虫と両生類のいる静物』（1662年）は、蛇や蛾、ヒキガエル、そしてオランダの画家として何よりわかりやすいと言うべきか、枯れたチューリップのそばにきのこがあります。トーマス・ゲインズバラの1785年の『きのこ狩りの娘』では、きのこの入ったかごを、若い娘が喜んで集めてきたものとしてではなく、単なる小道具として描きました。ゴードン・ワッソンはこれを「タイトルへの言い訳」としていますが、彼も、ゲインズバラには夢中できのこを採る子どもを描いた作品のあることは、渋々ながら認めています。

18世紀以降は、妖精物語と結びつけられ始めたため、きのこはどんどん可愛らしく描かれるようになりました。ジョシュア・レイノルズが1789年に描いた『パック』では、天使のような妖精パックが、小さな花束を手に傘型きのこに座っています。ただし、パックの目の光を見ると、この小さなプットーとして描かれた妖精は天使のように無邪気なわけではなさそうです。リチャード・ダッドの作品も捉えどころがありません。彼が1841年に描いたパックのポーズはレイノルズのパックと同じですが、きのこの下で妖精の大群が踊っているため、より不吉な印象を受けます。ダッドの1842年の作品『テンペストより、おいで、この黄色の砂浜へ』では、空気の精エーリエルの妖精の輪は明らかに終末を予言しています。赤みを帯び、浮かされたような人たちが、黒雲垂れこめる空と波立つ海を背景に、古代の岩のアーチの周りを踊り狂っているのです。不気味に輝く砂浜にはすり鉢とすりこ木が捨てられていますが、すりこ木は明らかにぐにゃっとしたスッポンタケ（*Phallus impudicus*）に見えます。

上 ツバムラサキフウセンタケ
（*Cortinarius torvus*）、ビアトリクス・ポター画。
p.104 『真夏の夜の夢』の妖精の輪、
アーサー・ラッカム画。1908年。

文学と映画

きのこの上には

繊細な蜘蛛の巣が広がっていました

『妖精の女王の娯楽』、マーガレット・キャヴェンディッシュ（1623〜73年）

ヴィクトリア時代も進むと、風潮は変わりました。妖精は不気味な超自然的存在から、きのこに住む、おすましな「小さい人たち」に矮小化されます。その典型的な絵がジョン・アンスター・フィッツジェラルドの『侵入者』（1860年頃）です。か細く美しい妖精たち（と弱々しく怒る2人のゴブリン）が、ベニテングタケ（*Amanita muscaria*）の下をうろついていた、いぼはあってもまるで怖そうではないヒキガエルと向き合っています。

ヴィクトリア時代、人々は自然界に夢中になり、植物画は正統な美術として見直されました。植物画家には、ビアトリクス・ポターのような女性も多く、きのこも細部まで描かれるようになります。そして、より空想的な美術表現を用いる自由が生まれました。また、同時代のもう1つの熱狂、子ども時代への偏執から（もちろん中流階級に限る。労働階級の子どもたちはまだ煙突掃除に送り込まれていた）、妖精物語や童話が急増し、きのこも乳母車の中へと子ども返りさせられました。リチャード・ドイルの『妖精の国：エルフの世界の絵画集』（1870年）は、妖精やエルフが自然と遊ぶ幻想的な絵にきのこを描き入れた作品の典型です。お話の中でそれほど大事な役柄でない時でも、きのこは常に挿画に描かれるようになりました。ベニテングタケは常に、繊細な羽の生えた生き物の座席や、ノームの住処や、傘や、車輪や、露店の商品として描かれ、また背景の空間を埋めたり縁取り装飾になったりしました。これらを描いたアーサー・ラッ

p.106 『イモムシの助言』。
ルイス・キャロル『不思議の国のアリス』初版より、サー・ジョン・テニエル画。1865年。

カム、チャールズ・ヒース・ロビンソン、シスリー・メアリー・バーカー、ヒルダ・ボズウェル、モリー・ブレットなどの画家は、今も多くの人に愛されています。

20世紀に入ると、さらにきのこの意味をぼやかす動きが見られ、アートはきのこをより広い意味で利用するようになりました。1900年から1914年までかけてバルセロナのグエル公園入り口に立てられたアントニ・ガウディの「きのこハウス」は、ヘンゼルとグレーテルのお菓子の家のようで、巨大なモザイクのスッポンタケが生えています。1960年代のポップ・アーティストたちは、シロシビンを含むきのこの催幻覚効果を知りすぎた人たちだったらしく、あらゆる奇妙な解釈を生みました。その中で最もダークなのは、ロイ・リキテンステインの1965年の原爆の絵に違いありません。きのこ雲を描いていますが、可愛いどころではないからです。

17世紀中盤に書かれたマーガレット・キャヴェンディッシュの『妖精の女王の娯楽』では、ヒキガエルをテーブルに使うクイーン・マップを描写しましたが、彼女は文学的伝統を踏襲しています。きのこを妖精と同等に扱うことは、ウィリアム・シェイクスピアなどが広めたやり方です。彼の『テンペスト』の主人公プロスペローは、エルフが「真夜中にきのこを作る」と述べています。

しかし、文学ときのこの大御所と言えばただ1人。ルイス・キャロルです。

アリスが巨大なきのこの上で水煙草を吸うイモムシに出会う場面は、文学上最も有名なシーンの1つです。イモムシはきのこを少し食べてみるようすすめました。一方をかじると背が伸び、反対側をかじると縮むというのです。アリスは両側から少しずつかじってみて、巨人のように伸びたり顕微鏡で

見るほど縮んだりしますが、そのうちに状況に合わせてかじるべき量を覚え、不思議の国を旅していくのです。この発想はジャンルを超え、あらゆる同種のテーマのお手本となりました。日本のゲームデザイナー、宮本茂も、自分の創作した任天堂のスーパーマリオに、ルイス・キャロルから直接的な影響を受けたと認めています。このゲームで、マリオやルイジはきのこを食べて、身体を大きくしたり小さくしたりすることができるのです。

チャールズ・ドジソン（ルイス・キャロルの本名）が『不思議の国のアリス』を執筆中に、きのこの催幻覚作用に関心があったかどうかはわかりませんが、ヴィクトリア時代の人々が精神状態を変える薬にはまっていたのは事実です。アヘン中毒は当時の大きな社会問題の1つでした。実際ドジソンがどうだったかには激しい議論がありますが、多少のお酒はたしなむものの喫煙もしない聖職者で、アヘンなどの麻薬にも関心のなかったドジソンが、ベニテングタケのような怪しい嗜好品を試したとはあまり思えません。とは言え、様々な研究者が指摘する通り、それらについての文献を読んでいたことは十分あり得ます。歴史家のマイケル・カーマイケルは、ドジソンが『不思議の国のアリス』を書き始める数日前、オックスフォード大学のボドリアン図書館を訪れたことを指摘しています。彼の図書館訪問はこの時きりですが、実はその時この図書館には、モーデカイ・キュービット・クックの1860年の薬物調査記録『眠りの7人姉妹』が収められたばかりだったのです。カーマイケルは、ドジソンには実際に7人の姉妹があり、生涯不眠症だったことも明かしています。また、カーマイケルが調べた時、図書館のこの本はほとんどのページが袋とじされた未読のままでしたが、切り開かれたページが1カ所だけありました。それがベニテングタケの章だったのです。

ワッソン夫妻は、クックが1862年の夏に新たな本『イギリスのきのこ便覧』を発表し、その中でロシアのカムチャツカ半島に住むコリヤーク族が、幻覚剤としてベニテングタケを使うことに触れている、

と書いています。ドジソンが『不思議の国のアリス』を書き始めたのは、この年の11月13日です。もちろん、発行日はただの偶然の一致かも知れません。ドジソンは新聞を読もうと図書館に行っただけで、イモムシと魔法のきのこは彼の想像力が作り出したのかも知れません。彼がこのシーンに添えて描いたスケッチは、ベニテングタケではなく、傘が平らなシンプルなきのこでした。そして、彼がアイディアをグリム兄弟から得たのでないことは確かです。ヤーコプ・グリム『ドイツ伝説集』の英語版は1888年まで出なかったので、「誰でもきのこを身につけるとエルフのように小さく軽くなれる」という有名な言葉も読めなかったはずなのです。奇妙なきのこやポップアートに満ちた世界にいる私たちは、シンプルな童話を深読みし過ぎているのかも知れません。

ワッソン夫妻は、チャールズ・キングズリーの1866年の小説『ヘリワード・ザ・ウェイク』がモーデカイ・キュービット・クックの影響を受けていることについては、より確信を持っていました。ラップランド生まれの看護婦が男たちのビールに真っ赤なきのこの汁を加え、秘密を発見するという物語です。ヴァレンティーナは、トルストイの『アンナ・カレーニナ』に、もっと穏やかなきのこへの言及を見つけました。恋愛、家庭、連帯感などが、きのこ狩りにからめて描かれているのです。

ヴァレンティーナは、ロシアのようなきのこ好きの国でしかこんなシーンは見られないと指摘しましたが、いろいろな意味で正しい指摘です。西欧のきのこの描写の大半は、もっとダークな方向へ進みました。イギリスの作家、ウィリアム・ホープ・ホジソンは、きのこで嫌な経験をしたことがあるに違いありません。1907年11月にブルー・ブック誌に発表された彼の短編『夜の声』は、謎めいたラグーンで難破して迷った男とその婚約者の物語です。2人が助かると思った島は奇妙なきのこの生息地で、きのこはやがて広がり、2人を飲み込んでしまいます。

この小説を脚色した最も有名な作品は1963年の日本のホラー映画『マタンゴ』で、英語版は

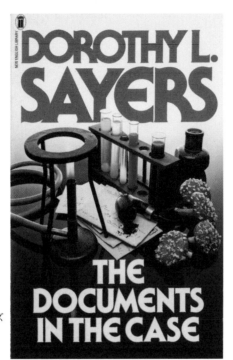

右 ドロシー・L.セイヤーズ
『箱の中の文書』初版、
1930年。

「Attack of the Mushroom People」というタイトルで公開されました。

　きのこの侵略というテーマは、どこか短編小説に合うようです。1933年初版発行のジョン・ウィンダムの『パフボールの脅威』では、戦争をしかける「ガンギスタン」という国の卑劣な指導者たちが、イギリスに勝てないのを悟って、パフボール型きのこという生物兵器を開発します。ウィンダムはワンダー・ストーリーズ誌にジョン・B.ハリスの筆名で執筆しており、この小説は『地獄の球』と改題されて、当時のステレオタイプな人種差別的「黄禍論」に浸透していきました。1966年のレイ・ブラッドベリの短編集『スは宇宙のス』所収の『ぼくの地下室へおいで』という小説では、地下室できのこを栽培する少年が不用意にもエイリアンを育ててしまいます。ブラッドベリは当初1959年に、テレビ番組『ヒッチコック劇場』の身の毛もよだつ特別編の脚本として

この小説を書きました。その後1989年にコメディ・ホラー映画『少年たち、地下室で巨大きのこを作るのだ！』にリメイクされ、1992年にはデイヴ・ギボンズが漫画にしています。それでも今日まで、きのこは映画で盛んに取り上げられてきたとは言えません。西欧では伝統的に、菌類の働きを進んで知ろうとしてこなかったせいでしょうか。この態度は徐々に変化していますが、菌類学者が望むような変化ではないかも知れません。2007年の『シュルームズ』は、催幻覚作用のあるきのこを採っていたティーンエージャーたちが付け狙われるスラッシャー・ムービーであり、2021年のホラー映画『イン・ジ・アース』では、菌根が悪に利用されるとどうなるかが描かれました。ああ、ウォルト・ディズニーの1940年の映画『ファンタジア』で、『くるみわり人形』の音楽に乗せて、ぷっくりしたきのこたちが楽しげに踊っていた無邪気な日々が懐かしい！

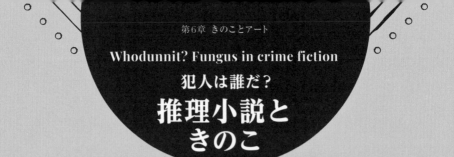

Whodunnit? Fungus in crime fiction
犯人は誰だ？
推理小説と
きのこ

危険なきのこの知識をもつ作家は被害者を欲しているに違いないと、
世界中で思われています。ところが、
きのこは案外推理小説には出てきません。そう、ぶち壊し屋がそこに。

1914年、イギリスの作家、アーネスト・ブラマー（1868～1942年）は、盲目の探偵、マックス・カラドスを誕生させました。当時はシャーロック・ホームズに比肩するほど評価された探偵です。ブラマーの『毒きのこ料理の謎』（1923年）で、カラドスは、架空のきのこ "Amanita bhuroides" が摂取後30分で人が死ぬほどの毒性を持つかどうかを調査しました。また、H.G.ウェルズの『紫のきのこ』では、破滅的な主人公が、猛毒と信じて毒きのこらしききのこを食べます。このきのこには、ベニテングタケ（Amanita muscaria）にもないような毒性が必要だったので、ウェルズも架空の種を1つ発明しました。

推理作家が実在のきのこによる中毒を避けがちなのは、細部を間違えやすいためかも知れません。ゴードン・ワッソン博士は、自分のお気に入りのきのこを小説家が邪悪な結末のために悪用すると酷評します。彼いわく、ゴードン・アッシュ（ジョン・クリーシーの別名義）の1950年の作品『きのこ殺人事件』のように、作家たちは被害者をすぐに死なせすぎるのです。作家たちはあてにならない種を使ってしまいがちなのでしょうか。たとえば、オーガスト・ダーレスの1948年の短編、タイトルがただ『?』という小説では、殺人者はアミガサタケの代わりにシャグマアミガサタケを使います。ワッソンは承服できず、シャグマアミガサタケ（Gyromitra esculenta）に人を死なせるほどの毒はないと言いました。ワッソンは、アン・パリッシュの1925年の労作『ベレニアル・バチェラー』も賞賛せず、自分が納得いくまでベニテングタケを調査したのです。

ドロシー・L.セイヤーズの『箱の中の文書』も、ベニテングタケの成分、ムスカリンの合成物質をめぐる作品です。しかし、ムスカリンは加熱調理で破壊されるので、ワッソンは、ムスカリンで被害者を殺すことはできないと指摘しました。

最も高名な推理作家、アガサ・クリスティーも、変わった毒物に強い関心をもっていましたが、きのこを使ったことはほとんどありません。ただし、彼女の1928年の短編『聖ペテロの指のあと』は、無実の人がきのこによる殺人で告発される話です。また、1939年の『殺人は容易だ』で、彼女は殺人者に野生のきのこを鍋に入れさせたりしていません。このひねりは、2009年のテレビ・シリーズ『アガサ・クリスティーのミス・マープル』で付け足されたものなのです。しかし、もっと最近のテレビの探偵は、きのこ中毒の上手い使い方を発見しました。医療裁判ドラマ『ドクター・ハウス』でグレゴリー・ハウス博士が診た謎の症状のうち、少なくとも3つは、きのこによるものであることが判明します。法廷で、毒きのこが殺人者の武器として日の目を見るようになるのはこのときからなのでしょう。

p.111 タマゴテングタケ（Amanita phalloides）の子実体の成長の各段階。キューガーデンの菌類学者、エルジー・M. ウェイクフィールド画。キューガーデン・コレクション、1915～45年頃。

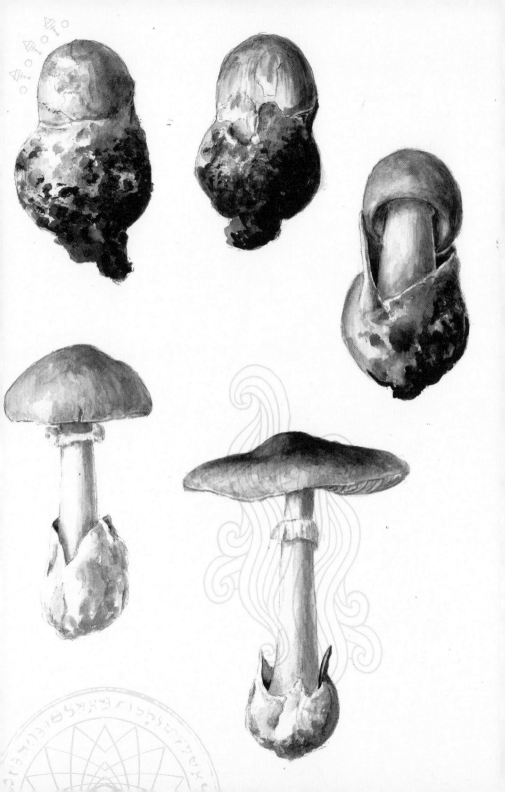

Fungi to dye for

染料としての
きのこ

かつて流行の最先端だったきのこによる染物は、
19世紀に時代遅れになります。しかし1世紀後、華々しく復活したのでした。

地衣類は、生息環境の酸性度に合わせて変化するという稀有な力を持っています。1300年頃、これに気づいたのは、スペインの医師、アルナルドゥス・デ・ヴラ・ノバでした。彼はリトマス（古ノルウェー語のlitmosi、直訳すると「染料の苔」から来た言葉）で、物質のpHバランスを調べられることを発見したのです。しかし、その実用化を思いついたのは、彼が最初ではありません。

紫はローマ皇帝以来、権力者の色でした。現在のレバノンにあったティルスの人々が作る貝紫（ティルス紫）はある巻貝から作る染料ですが、乱獲で採取できなくなると、人々は代わりをを探し始めます。旧約聖書エゼキエル書27章7節には、小アジア半島のエリシャの「島々の青と紫の布がその覆いとなった」とあり、これはRoccella tinctoriaという種類の地衣類で作ったオルテル（イタリア語でオリチェッロ）という染料で染めたものでした。染めるには、地衣類と古い尿と消石灰を混ぜるという愉快ではない作業がありますが、地衣類の種類とアルカリ分を調節すると、様々な色が出せるのです。地衣類の染料は定着剤（媒染剤）不要ですが、他の菌類からもっと他の色が作れるかも知れないと、ミョウバンや鉄や硫酸銅などの定着剤を使って実験してみる値打ちはありました。

コツブタケ（Pisolithus arhizus）は英語で「死人の足」という不吉な名前ですが、もう1つの通称「染屋のパフボール」なら印象を挽回できるでしょう。見た目は糞の塊のようでまさかと思いますが、黄色や茶色、金色の染料すら作れるのです。縁が美しいフリルになったカイメンタケ（Phaeolus schweinitzii）は明るい黄色ですが、ウールやシルクを染めるとしっとりしたオリーブ味の茶色になります。ミヤマカラクサゴケ（Parmelia saxatilis）は、ハリス・ツイードの深い赤茶を作り出します。

19世紀、生地を染めるのに天然染料を使う伝統は廃れ、化学染料が取って代わりました。紫も合成染料で染めるようになったので、軟体動物や危機に瀕していた地衣類にとってはどこでも安息の地になったのです。20世紀も中盤になってやっと、アメリカ人のアーティスト、ミリアム・C.ライスなど一部の工芸家が、伝統的染色技法を学び直し始めました。ライスはそれらを現代の技法とミックスし、組み合わせて使う実験を繰り返し、成果を同志たちに教えます。彼女の著作『きのこで染めてみよう』（1974年）は、その考え方を新世代の人々に伝え、1985年には国際きのこ染料協会ができたのです。

ライスの多くの著書からは、それぞれの色を生み出すのに様々なきのこと定着剤が必要なことがわかります。情報に敏感なきのこ染織家は、有名な国際菌類・繊維シンポジウムに出席することもできるでしょう。ただ、先に述べた通り、17世紀にはこういったイベントの席は何ヶ月も前に売り切れでした。きのこ染料は本当に復活したのです。

p.112 地衣類の一種（Roccella tinctoria）。
F.P.ショーメトン『薬草詳解』、1815～20年。

Foxfire
狐火

約2,300年前、アリストテレスは、
夜になると森を照らすきのこの「冷たい火」に触れ、
なぜそんなことが起こり得るのか疑問を呈しました。彼は正解にたどり着けず、
それ以来、科学者たちは「狐火」の問題に挑み続けてきたのです。

ツチボタルから海の藻類まで、多くの生物が光を発します。しかし、最もよくわからないのは71種類の菌類です。300万種もいる菌のうち、これらは妖しい緑の光を放つのです。科学者たちが当惑したのと同じくらい、民話もこの光を不思議がりましたが、「妖精のランプ」には超自然的な、おそらくは邪悪な原因があるのだろうと考えました。

この現象は鬼火とも呼ばれ、人間を誘い出して死なせると言われました。しかし、この言葉は沼地でガスが燃えて出る光にも使うので、紛らわしいものがあります。より菌類に限定して言うなら狐火です（英語の場合）。森でこの現象が起こった時にキツネがいたか、false（偽の）を意味するフランス語のfauxまたは古英語のfolsがなまってfoxfire（狐火）になったのでしょう。カリフォルニアの炭鉱夫たちは、朽ちた坑道の支柱が霜のように粉を吹き、狐火のように光るきのこが群生しているのを見ました。そこは、先輩の鉱夫たちが事故死した場所でした。ユタ州では幽霊の光る「髪」（菌糸）は炭鉱夫が死んだ場所のしるしだと言い、ミズーリ州の「幽霊の灯」の伝説は、カバ・ナラ・ブナなどの木に生えるワサビタケ（Panellus stipticus）だったのではないでしょうか。

生物発光する菌類は、一般的なものから特殊なものまで様々です。シイノトモシビタケ（Mycena lux-coeli）は強く光るきのこで、日本の山地の森林でしか見られません。ミケナ・ルクセテリナ（Mycena luxaeterna）は夜に柄だけが光りますが、地元でflor de coco（ココナツの花）と呼ばれるNeonothopanus gardneriはとても明るいそうです。

19世紀のフランスの化学者、ラファエル・デュボワは、この光が酸化酵素によって生まれることを発見しました。菌類は概日リズムを時計として発光を調節しているのです。2015年、アメリカとブラジルの科学者たちは、ついにアリストテレスの狐火の謎を解きました。なぜきのこが光るのか？ 研究チームは偽物のLED製のきのこを作り、どんな風に虫を惹きつけるか観察しました。現在では、夜光性のきのこは文字通り生物の通り道を照らし、エサを与える代わりに胞子を拡散してもらって、幽霊のように光るきのこの次の世代を作るのだと考えられています。

しかし、だまされてはいけません。インターネット上のすごい写真で見る発光菌類は、実際よりずっと明るく加工されているようです。電気の光を使えなかった私たちの先祖にとって、発光菌類の場所を見つけるのはずっと簡単で、これらを即席の照明に使った話は多くの国にあります。光に汚染された私たちの目で生物発光する菌類を見る最もよい方法は、昼間にきのこの在処を特定しておき、月のない夜にゆっくりと目を慣らしながらそこに行くことです。

p.115 ワサビタケ（Panellus stipticus）。
北米では生物発光することで知られる。アンナ・マリア・ハッシー『英国菌類図譜』、1847～55年。

Chapter 7

Flying High

第7章 きのこと幻覚

空を飛ぶ魔術ときのこの関係については、

たくさんの文献があります。

オーストリアでは、

ベニテングタケ（*Amanita muscaria*）は

「魔女のきのこ」とさえ呼ばれました。

きのこの心理的影響は解明されていて、

人類は誕生以来それを利用してきましたが、

動物はもっと前から利用していたかも知れません。

リグ・ヴェーダは人類の持つ最古の聖典の1つです。
サンスクリット語の起源であるヴェーダ語で書かれており、
紀元前2000年頃の賛歌で構成されています。

リグ・ヴェーダには、何かの植物の汁を抽出・発酵させて作る、ソーマという謎の儀式用飲み物が出てきます。研究者たちは何世紀もこの「神の植物」が何なのか考え抜き、キョウチクトウ科の植物であるキナンクム（*Cynanchum acidum*）から、天然に生じる金と銀の合金、エレクトラムまで、これこそそうだと述べてきました。ワッソン夫妻はベニテングタケの可能性が最も高いとしましたが、他の研究者たちはシロシビンを含む別のきのこ多数を候補に挙げています。確かなことは1つだけ。きのこはこの世界の動物に妙な作用を及ぼし得るということです。

民族菌類学者は、催幻覚作用を持つきのこの、メキシコ南部から中央アメリカあたりのメソアメリカでの利用方法を広く調査し、その中には、人間の背中からきのこが生えた奇妙な石像を作る、謎のきのこ宗教もありました。しかし、これらの石像は200個ほどしか残っていません。異教に恐れをなした16・17世紀のキリスト教宣教師たちが大半を破壊したからです。しかし、宣教師たちは証拠を破壊したくせに、多くの史料を残しました。彼らが、石積みの上で行うアステカ人の新生児の儀式について書いた文書が、メキシコのきのこ儀式について残っている文献のほぼすべてなのです。ワッソン夫妻の『きのことロシアと歴史』下巻は、スペイン人司祭たちが見た、催幻覚作用をもつきのこに関する初期の文献分析に、多くのページを割いています。

偉大な王モクテスマ2世が、敵であるトラスカラの王子たちを「酔うきのこ」でもてなした話がいくつか伝わっています。また、犠牲者と観察者双方が、ワイン以上に酔うまで生のきのこを食べ続けるという、犠牲の儀式についても書かれています。ドミニカの托鉢修道士、ディエゴ・ドゥランは、きのこを食べた者はひどい中毒を起こし、悪魔が現れて語りかけたり、生命を奪ったりすると述べました。そしてフランシスコ会の司祭、トルビオ・デ・ベナヴェンテ・モトリニアは、こういった異教の儀式の一部は、きのこをキリスト教の聖なるパンのように扱い、ミサの罰当たりなパロディのようだとショックを受けています。彼いわく、アステカ人は、きのこをキリスト教のように「神の肉」とさえ呼び、ハチミツと一緒に口にすると、「千種類もの幻覚」を引き起こすので、食べた者は生きたまま虫に食われるような気がするそうです。ワッソン夫妻がその著書で引用したフランシスコ・エルナンデスは、新世界の植物を研究しようと1570年にメキシコに旅立った植物学者でした。彼は「聖なる」きのこには3種あると言っています。1つは戦いと悪魔を追い払うきのこです。2番目のきのこ、テイフインティはコントロールできない笑いを引き起こします。名前不詳の3番目のきのこはあまりに稀少なので、人々は徹夜の採集行で探しました。残念なことに、エルナンデスのオリジナルの手稿は火事で失われてしまったため、これらのきのこが何だったか確かなことはわかりません。

フランシスコ会のベルナルディーノ・デ・サアグンは、メキシコの人々の習慣と文化を1529年から1590年までの61年間研究しました。彼の『ヌエバ・エスパーニャ概誌』はスペイン語とナワトル語で書かれており、しばしば両方の言葉で併記されています。彼は、ナンドカトル（nandcatl mushroom）というきのこは小さくて黒く、特別な集会で様々な心理的効果のために食べると書きましたが、

p.119 様々なきのこ（担子菌類）。
エルンスト・ヘッケル、1904年。

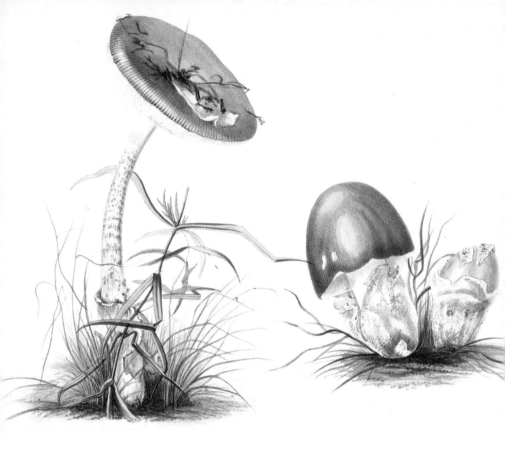

これもどのきのこに該当するのかわかりません。

　非常に多くのきのこに催幻覚作用がありますが、決してすべてが特定されているわけではありません。たとえば、今日、「馬鹿者のきのこ」と呼ばれるのは、「死の天使」の異名をもつドクツルタケ（*Amanita virosa*、**p.169**参照）とされますが、昔はもっと曖昧でした。16世紀の植物学者、シャルル・ド・レクリューズ（カロルス・クルシウスという名前の方が通りがいいでしょう）は、ドイツのあるきのこをNarrenschwamm（ナレンシュヴァム、馬鹿者のきのこ）と書きました。「これを食べた者は精神的におかしくなる」からです。ワッソン夫妻も、ハンガリーで何か変なことをすると、bolondgomba（ボロンドゴンバ、馬鹿者のきのこ）を食べたのではないかと聞かれると言っています。ウィーンの人々も、近所の

人が変な振る舞いをすると「狂人のきのこ」のせいにしました。ポーランドやスロヴァキアにも同じ表現があります。ドクツルタケは猛毒で、食べると細かいこと抜きにすぐに死ぬので、「馬鹿者のきのこ」は別の催幻覚作用のあるきのこに違いありません。クルシウスはツルタケ（*Amanita vaginata*）ではないかと述べました。ワッソン夫妻はヒカゲタケ属（*Panaeolus*）のきのこの可能性が高いと考えています。

　1916年、アメリカの外科医、バーマン・ダグラス博士と妻とメイドが、トーストにきのこを乗せて食べました。1時間後、彼らはバランス感覚を失い、おかしな話をし、笑いや騒音を立てたい衝動が止

上　ツルタケ（*Amanita vaginata*）。アンナ・マリア・ハッシー『英国菌類図譜』、1847〜55年。

められませんでした。目まいがし、すぐそばのもの
が何マイルも先にあるように見え、あらゆるものが
大きさも嵩も小さくなったようだったそうです。よう
やく6時間後、すべては普通に戻りました。ワッソ
ン夫妻は、この現象はワライタケ（*Panaeolus papil-
ionaceus*）を食べた結果だと考えました。ただし、
ワライタケは吐き気を起こすことが知られており、
ダグラス一家にはこれはなかったので、もっと研究
が必要です。こうした研究成果を利用したがるの
は馬鹿者だけですが。

17世紀後半から18世紀にかけての欧州の啓蒙
時代、科学者たちは、人類が歴史を通じてどのよ
うに「魔法の」きのこを利用してきたか解き明かそう
と考え始めます。1784年、スウェーデンの司祭で
植物学者のサムエル・エードマンは、有名な著作
『博物学から古代ノルウェーの戦士の凶暴性増強
を解く試み』で、ノルウェー人が幻覚作用のあるき
のこを用いることについて考察し始めました。エー
ドマンは、伝説的なヴァイキングの襲撃団、ベル
セルカー（直訳すると「熊のシャツを着た者」）は、
戦いに出る前にベニテングタケを摂取したのではな
いかと指摘しました。酒を痛飲し、北欧神話のヴァ
ルハラ（Valhalla）のように幻覚を見て戦場で荒れ
狂い、敵をトウモロコシの軸のように切り捨てて
いったのです。魔法のきのこを摂取したという考え
は、狂乱したような超人的強さの戦士のイメージ
に合いますが、考古学的にも文献上も、この見解
の実際の証拠になるものはありません。証拠が見
つかるまで、エードマンの説は極めて魅力的な仮
説のままでいる他ないのです。

同じように、『ロルフ・クラキのサーガ』の伝説
的人物、ボルヴァル・ビャルキも、きのこの催幻覚
作用と結びつけられてきました。姿を変えることの
できるこのノルウェー人は、仲間が戦っている時い
つも眠っているように見えましたが、怪物のような
熊の姿をした異界の精が、戦場でビャルキの敵に
大損害を与えます。しかし、ビャルキが起こされ、
戦いに加わるように言われると、熊は消え、戦い
に敗れたのでした。

1950年代と60年代は、きのこの幻覚作用の
実験が爆発的に行われた時代でした。火を点けた
のは、ティモシー・リアリーのような人々と、彼の
ハーヴァード大学シロシビン・プロジェクト（**p.125**
参照）で、1960年代・70年代のサイケデリックな
ヒッピーのサブカルチャーにつながっていきました。
今日、科学者はなお実験を続けていますが、日常
問題の実際的解決策を探しながら多くの発見もし
ています。ニューヨークのクラークソン大学の研究
者たちは、普通の家庭内の空気環境を改善させる
方法を研究する中で、カビの胞子の吸入と「幽霊」
の目撃に関係があるかも知れないと指摘しました。
一例を挙げるなら、「呪いの家」で見つかった有害
な黒カビのスタキボトリス・カルタルム（*Stachy-
botrys chartarum*）は、世界中の不潔なバスルーム
で見られたのです。

上　ベニテングタケ（*Amanita muscaria*）を
描いたソ連時代のロシアの切手、1986年。

Magic mushrooms
マジック・マッシュルーム
（シビレタケ属）
Psilocybe

イギリスのロマン派詩人サミュエル・テイラー・コールリッジが、
18世紀の有名な自由のシンボルであるフリジア帽とシビレタケ属のきのこが
非常に似ていると記した時、それは見た目による思いつきでした。このきのこに、
「不思議な解放」を誘発する特質があるとは気づいていなかったでしょう。

コールリッジは、きのこの円錐形の傘と長く細い柄が、オランィェ公ウィレムの名誉革命やアメリカ独立戦争、1789年のフランス革命の時などに、自由を求める運動のシンボルとして棒に掲げられたフリジア帽のようだと書きました。

マジック・マッシュルームと呼ばれるきのこには、シビレタケ属の大半が含まれますが、これらのきのこは、古代エジプトの墓の絵やスカンジナヴィア神話、中世彩飾写本、再発見された紀元後1世紀のモンゴルの布織物にも見られます。この比類ない布の断片は、神話的な儀式用飲料であるソーマを醸して摂取する様子を描いたものと思われ、モンゴル北部のノイン・ウラ（Noin-Ula）の古墳で発見されました。戦士、王、祭壇のそばで、祭司が「神のきのこ」を火に掲げているのです。

シビレタケ属は様々な分量のシロシビン、シロシン、ベオシスチンなどの成分を含みます。シビレタケ属のきのこ1、2種はこれらを全く含まないため、新しく作られたデコニカ属（*Deconica*）に移されました。同様に、シロシビンとシロシンを含む約180種のきのこも、すべてがシビレタケ属というわけではありません。

*Psilocybe*という属名はギリシャ語の「裸の帽子（傘表面が平滑であること）」から来ています。この属のきのこの多くは、通称も学名も、培地として糞を利用する生態から名付けられました。以前シビレタケ属でしたが今はデコニカ属になった、*Deconica coprophila*という糞に生える丸いきのこの学名は、「糞が好き」という意味です。シコンアジロガサ（*Stropharia stercoraria*）の学名は、Sterquilinus（ステルクィリーヌス）に関連します。古代ローマで神々の守護担当が決められた時に列の最後の方にいた、肥やしと悪臭と屋外便所の神様です。

催幻覚成分を含むきのこでも、摂取の効果は、気軽にドラッグ患者になりたがる人が望むようなものとは限りません。目まいや幻覚、妙にはしゃいだ気分、時空の歪み、一般的な酩酊効果の他に、頭痛や骨の痛みや急激な抑うつ、嘔吐、運動失調（身体各部の運動調和、バランス感覚、速度感覚を失う状態）に見舞われるかも知れないのです。

シビレタケ属の使用について触れた最古の文献の1つは、アイスランドの『赤毛のエイリークのサーガ』です。リーティトルワの予言者姉妹の1人、ソスビョルクが、トランス状態に入るために「魔法の薬」を使い、未来を予言しています。

p.123 サイケデリック・ウェイヴィー・カップ・マッシュルーム（*Psilocybe cyanescens*）。
キューガーデンの菌類学者、エルジー・M.ウェイクフィールド画。キューガーデン・コレクション、1915～45年頃。

こで医師のエヴェラード・ブランドが呼ばれました。ブランド医師は中毒したJ.S.の家族がよろめく様子に大変興味をもち、正確に症状の記録を取って、それを学会誌のザ・メディカル・アンド・フィジカル・ジャーナルに発表したのです。瞳孔散大、動悸、呼吸困難が波状的に現れ、家族で最年少の8才のエドワードS.以外全員が、ヒステリックな死への恐怖に襲われました。エドワードは笑いを止めることができず、「くだらないことばかり話して」、自分がどこにいて何を質問されているのかもわからないか、気にもならないかどちらかの様子でした。

　ブランド医師は毒物をきのこ由来と考え、有名なベニテングタケのせいにしました。しかし現在、これらの症状はリバティ・キャップ（*Psilocybe semilanceata*、マジック・マッシュルーム）が原因と考えられています。J.S.の家族は、記録された最初のマジック・マッシュルームによるトリップをした人たちということになります。J.S.の異例な体験で、植物画家のジェイムズ・サワビーは彼を訪問してみようという気を起こしました。サワビーはその頃、代表作『英国産菌類・きのこ彩色図譜』（1795〜1815年）に取り組んでいたからです。サワビーはJ.S.にそのきのこの様子を説明してくれるよう頼みます。そして描かれた図を見ると、J.S.の朝食にリバティ・キャップとモエギタケ属と思われる別のきのこが入っていたことに、疑問の余地はありません。

　この事件は広く知られ、ヴィクトリア時代には裏の世界でドラッグ文化が花開いていたにも関わらず、このきのこに含まれる催幻覚作用成分を分離するには1950年代までかかりました。それ以前にLSDを発見していたアルベルト・ホフマンが、1950年代に催幻覚作用のあるきのこの研究を始め、1953年にシロシビンを分離したのです。彼は1963年、リバティ・キャップにもこれが含まれることを突き止めました。

　しかし、いつの間にか、シロシビンの催幻覚作用は一般的なヨーロッパ的精神の中で、あるいは少なくとも大半の記録文書においては消されてしまったようです。1799年10月、ロンドンのグリーン・パークで、J.S.としか名前のわからない男がきのこを採り、煮込み料理に入れた時がまさにそうでした。その結果は驚くべきもので、学会誌にも載っています。J.S.はカラフルな点や光が見え、立っているのも難しくなりました。家族にも胃痛や手足の指のしびれが出、J.S.は助けを求めて通りによろめき出しましたが、目がくらんで意識を失ってしまいます。そ

左上　大きな模型のきのこの下でポーズを取る女性の写真、ヴィクトリア時代。
p.125　きのこの影を見て笑い出すおかめ。月岡芳年の木版画、1882年。

サンプルを提供したのはワッソン夫妻で、彼らは複数のシビレタケ属のきのこの種類を同定していました。メキシカン・プラム（*Psilocybe mexicana*）、ランドスライド・マッシュルーム（*Psilocybe caerulescens*）、そして有名な催幻覚作用をもつきのこ、ミナミシビレタケ（*Psilocybe cubensis*）などです。ハーヴァード大学シロシビン・プロジェクトは、ティモシー・リアリー博士の指導で1960年から62年まで行われました。彼は臨床心理学者で、催幻覚作用きのこの他、LSDなど幻覚作用のあるドラッグの実験で伝説的になっていました。リアリーの研究、それにプロジェクト全体も、倫理的（被験者の選抜の点で）・法的に非常に疑問のあるものでしたが、ヒッピーのカウンターカルチャーの基盤となっていきます。現在、シロシビンはPTSDや抑うつ、薬物中毒の治療に再び利用されています。バード・ウォッチャーが判別できない無数の茶色の小鳥をLBJ（Little Brown Job、小さな茶色の子たち）と略称するように、菌類学者たちもLBM（little brown mushroom、小さな茶色のきのこ）と言うことがあります。一部の地味で一般的な種を指すLBMは、時に猛毒です。そして、多くのシビレタケ属のきのこがLBMであり、種を見分けるのが難しいのです。ですから試してはいけません。LBMからは立ち去りましょう。

イギリスの、1971年薬物乱用法では、シロシンまたはシロシン・エステル（あらゆるシロシン由来合成物）はクラスAの規制薬物でした。2005年改正法では、生の「マジック・マッシュルーム」も特定的にクラスAに含めています。

Agaricus aureus, *Bull.*

Spectacular rustgill
オオワライタケ
Gymnopilus junonius

日本の平安時代（794〜1185年）に書かれた『今昔物語集』は、
全31巻に1,000以上の物語が収録され、
そのうち28巻が現存しています。

その中のある説話は、京都の木こりたちが森で迷った時のことでした。しばらく森をさまよった後、彼らは奇妙な動きをする4、5人の尼さんに出会います。尼さんたちは踊ったり歌ったり笑ったりしながら、自分たちも道に迷ったけれども空腹を満たすきのこを見つけたと言い、木こりたちにもそのきのこをすすめます。するとすぐ、全員が同じ状態になったのでした。これ以来、このきのこはオドリタケ、またはワライタケと呼ばれます。ワライタケは他の日本の民話や伝統舞踊のタイトルにも登場し、コミカルなものも真面目なものもあります。

しかし、この楽しい伝説の尼さんたちが見つけたきのこが実際に何なのかははっきりしません。日本には幻覚作用成分を持つきのこが30種ほどあり、オオワライタケ（*Gymnopilus junonius*）、ワライタケ（ポルトガルの魔女のお気に入りと言われた *Panaeolus papilionaceus*）、アイゾメシバフタケ（*Psilocybe subcaerulipes*）など、ワライタケと俗称されるものが複数あるからです。西洋でよく「大笑いジム」や「獣のきのこ」と呼ばれるオオワライタケは枯れ木に生え、古い木の根元に群生して、とても大きくなることがあります。傘は直径7〜20cm、色はオレンジから赤茶色です。ナラタケ属のきのこ間

違われることがありますが、火を通すと食欲を失わせるような緑色に変わり、不快な味がします。ロバート・ロジャーズが引用したところによると、デイヴィッド・アローラは、オオワライタケには幻覚作用はないが、同じく苦みのある青緑のミドリスギタケ（*Gymnopilus aeruginosus*）にはその作用があり、日本で見られると述べました。「大笑いジム」ことオオワライタケは、ナラの木に生え、透視力を引き起こすとされた古代ギリシャのきのこだとされることもあります。ロバート・ロジャーズはきのこ好きで有名ですが、オオワライタケはヨーロッパの一部で食用とされているものの「自分は食べない」と書いています。

縄文時代の日本で、ある種の催幻覚作用のあるきのこが使われていた可能性があります。秋田県で出土した祭礼品の中に、多数のきのこ形土製品があるからです。

多くのきのこ同様、科学者たちはオオワライタケも医療に応用できないか熱心に研究しており、肉腫や癌腫について有望な結果が出ています。近種のチャツムタケ（*Gymnopilus liquiritiae*）も同じく希望がもてるようです。私たち人類は今なお、きのこの不思議な王国から教えられることが多く、おそらく与えられるものも多いでしょう。

p.126 オオワライタケ（*Gymnopilus junonius*）。
アンナ・マリア・ハッシー『英国菌類図譜』、
1847〜55年。

Flying ointment
飛翔薬

今日の私たちが普通に思い描く魔女のイメージは、先の尖った帽子に
いぼのある鼻、魔法のほうきなどを備えた昔ながらの老婆でしょう。

しかし中世には、魔法使いは醜いこともあれば美しいこともあり、老人も若者も、男性も女性もいました。

カトリック教会は、自ら直接管理できないものは何でも疑いました。従来通りに生活しない個人を可能な限り堕落した者として描くことは、教会の宣伝マシンの目的に適ったのです。そして、空を飛ぼうとすることほど、悪魔との交際を示す呪われた証拠があるでしょうか?

早くも1451年には、魔女はほうきにのって飛ぶ存在として描かれています。木版画『ヴードゥーの魔女の飛行』は、それが挿絵となった風刺詩『貴婦人のきのこ』より深く受け止められました。そして少なくともサン・ジェルマン・アン・レーの小修道院長だったギヨーム・エデランにとって、深刻な結果を招いたのです。彼は、悪魔と協定を結ぶのは不可能だと口にするという過ちを犯しました。彼は、そもそも「悪魔と協定」などというあり得ない表現で、自分がサタンと結んだ協定を隠したかどで逮捕され、自白を強要された上、その協定書を自分で手書きしたとされたのです。この文書は彼が身につけて持っていたところを「発見」されました。望み得る最善は「悔い改める」ことだと悟った小修道院長は、処刑を免れて終身刑とされたのでした。

しかし、「飛ぶこと」は当時でさえ必ずしも文字通りに受け止められたわけではありません。実際に空を飛ぶこと以上に罪深いとされたのは、性器(または他の粘膜)に塗る邪悪な「魔女の軟膏」を

作り、肉体を離れた飛翔感覚を呼び覚ますという考えでした。魔女はその薬を木製ディルドにすり込んだらしいとも囁かれました。本当にこれ以上ひどいことがあるものか、と。

軟膏は有毒とわかっている幻覚作用のある植物で作られました。ドクニンジン、イヌホウズキ、ヒヨス、マンドラゴラなどがお決まりの成分でした。しかしなお悪いことに、処方にはしばしばきのこも含まれ、誰もが不浄だと思っていたのです。ベニテングタケはいつも疑われました。フランシス・ベーコンは軟膏の結合材に「墓から掘り出した」子どもの体脂肪を挙げていたと言われます。

スペインの医師、アンドレス・ラグーナ・デ・セゴビア(1499〜1559年)は1500年代の初めにある処方を実際に実験しました。彼は地元の死刑執行人の妻の全身に薬をたっぷり塗り、彼女が36時間眠り続ける様子を観察しました。それから起こしましたが、彼女は目覚めたのが残念でたまらない様子でした。彼女はこの世のあらゆる喜びに取り巻かれ、若い美男と浮気しているころだったと証言したのです。神を恐れる(特に男性の)社会は、(特に女性が)悪魔と結託して侵略されるかも知れないという恐怖におののいたのでした。

p.129 ウルリッヒ・モリトールの1489年の書『魔女と占い女について』より、二叉の木にまたがって飛ぶ動物として描かれた3人の魔女の木版画。

Willdenow's Bolton

46.

Ag. muscarius

AMANITA

Fly agaric
ベニテングタケ
Amanita muscaria

真っ赤な傘に白い斑点。
究極のおとぎ話のきのこ、ベニテングタケは、
きのこの中で最もわかりやすく、最も絵に描かれてきました。

　このきのこの民俗史が深く広いことは、全く驚くに当たりません。ベニテングタケは何千年も前から催幻覚作用があると知られていました。世界中の通称は、飛翔・狂気・悪魔憑きという3点によるものです。輝くような赤い傘、白い斑点、よく似合った白い襞と柄など、確かに怪しく見えますが、だとしても、何と美しい悪魔でしょうか。北半球の温帯から寒冷帯のどこでも普通に見られ、マツやカバノキの林によく生えますが、外生菌根性なので栽培は難しく、野生のものを採集しなければなりません。

　ベニテングタケは天然のハエの殺虫剤だという根強い迷信があります*。ドイツではフリーゲンピルツ（Fliegenpliz、ハエのきのこ）と呼ばれ、フランスの一部地方ではチュ・ムシュ（tue-mouche、ハエ殺し）、ロシアでもムハムル（mukhomor、ハエ殺し）で、オランダ、スカンジナヴィア、東欧でも同種の名前です。日本ではハエトリタケという通称がほぼ同じ意味です。英語のfly agaric（ハエのきのこ）は比較的最近付け加えられた名前でしょう。この俗信は、13世紀のドイツの托鉢修道士、アルベルトゥス・マグヌスが発端ではないでしょうか。彼の科学や哲学の著作は38巻にも上ります。その中の2カ所でベニテングタケの殺虫力に触れていますが、どうも不思議で本当とは思えません。このことは1779年に既にピエール・ビュイヤールが指摘しており、彼は名前を変えようとすら言いまし

たが、誰も気にも留めませんでした。

　ヴァレンティーナ・ワッソンは、ロシア人の友人が幼かった頃の乳母の話をしています。「文字の読めない農婦」だったその乳母は、ハエ退治のために毎晩砕いて砂糖をまぶしたベニテングタケを盛った皿を用意しました。その子が「ハエは砂糖を舐めに来るだけだ」と言うと、「ちゃんと後から死にますよ」と答えたそうです。しかし、もっとダークで謎めいているのは、このきのこの向精神作用に触れた伝説です。有毒ですが人が死ぬことはたまにしかないため、人類は何千年もそのぎりぎりの毒性を儀式や気晴らしに利用してきました。

　シベリアに住むコリヤーク族には、大ガラスという意味の名を持つ英雄譚があります。彼の兄弟のクジラが浅瀬で動けなくなった時、大ガラスは天から与えられたベニテングタケを使って空を飛び、エサがいっぱいに詰まった重い袋を届けてやることができました。おかげでクジラは海にいる家族の元へ帰ることができ、これに感心した大ガラスは子孫のためにベニテングタケを残し、それで子孫は幻を見て将来を予知することができたのです。ただし

*監修者注：ベニテングタケはイボテン酸等の成分を含み、殺ハエ活性がある。またその効果を利用し、日本を含む世界各地でハエの駆除に用いられている。

p.130　ベニテングタケ（*Amanita muscaria*）。キューガーデン・コレクション。

安全のため、人間のシャーマンがベニテングタケを摂取し、他の人たちはみなシャーマンの尿を利用したということです。

きのこの向精神作用を利用したのはコリャーク族だけではありません。ワッソン夫妻はスカンジナヴィアからシベリアにかけて、さらにもっと広範囲の文化でその証拠を発見しました。1559年、フランシスコ派の宣教師、ベルナルディーノ・デ・サアグンは、メソアメリカの儀式で参加者が「神の肉」という意味のテオナナカトルというきのこを摂取すると書いています。初期の道教の文献などでも古代文明との関係に言及され、古代ギリシャの神話に登場する不老不死のネクター（神酒）であるアンブロシアはベニテングタケではないかと言われる他、初期のヒンドゥー教の儀式用飲料、ソーマの数多い材料の1つに当たる可能性も指摘されています。

このきのこの作用を受けるのは人間だけではありません。トナカイは好んでこのきのこを探し、食べると酔っ払ったように首を振ったり、でたらめによろめいたりします。しかし身体が大きいためでしょうか、長期的な害は受けません。それでも、トナカイの肉は若干幻覚作用があると言われます。哺乳類はこのきのこの作用成分（ムシモール）を分解できないため、効果は尿にも残ります。人類はトナカイが互いの尿を飲むのを見て、祭礼儀式にそのやり方を取り入れたと考えられ、尿は数回繰り返して飲んでも作用が出ます。しかし、真似をしてはいけません。

ベニテングタケは長い間、冬の祭り、特にクリスマスと強く結びつけられてきました。クリスマスカードにも好んで描かれますが、これはトウヒの仲間の樹の下によく生えるためか、初冬の森に見られる数少ない鮮やかな色だからではないでしょうか。このきのこの描かれたカードはスカンジナヴィアで特に人気があり、トムテやトントゥと呼ばれる小人もよく一緒に描かれます。傘の上に座っていたり、小さな家にしていたりするのです。

ドイツでは、チョコレートとマジパンで作ったグリュックシュピルツ（Glückspilz、幸運のきのこ）を大晦日のギフトとして交換します。100年前におまもりとして身につけた乾燥きのこの現代版というわけです。サンタクロースの起源についても、比較的新しい説では北極圏やシベリアのシャーマンだとし、赤い上着に白い毛皮の縁取りはベニテングタケに似ていると言います。催幻覚作用のあるきのこが、空飛ぶトナカイの幻覚につながったとも指摘されるのです。

向精神作用をもつイボテン酸と、催眠鎮静作用をもつわずかなムシモールを含むベニテングタケは、小人のトムテでも幸運のきのこでもありません。摂取すると多幸感から精神消耗までの極端から極端を味わうことになり、非常に不快です。どんな鮮やかな夢や浮遊感があるとしても、脈絡のない発話・嘔吐・下痢・息苦しさ・徐脈・目まい・喉の渇き・頭痛・心臓や脳の発作などの好ましくない症状と引き換えにはなりません。昏睡や死の恐れさえあるのです。

p.133 テングタケ属のきのこ。
M.A.バーネット『有益な植物』、1842～50年。

Amanita muscaria, var.

Ergot

バッカクキン（麦角菌）

Claviceps purpurea

科学が自然界での病原体の役割を解き明かすまで、
人間は奇妙な出来事や困った病気、
異常な振る舞いに他の説明を見つけようとしました。

麦角中毒ほど、多くの生物がその原因に挙げられてきた恐ろしい病気はありません。バッカクキン属は菌の1種で、穀物、特にライムギに感染します。植物細胞の中に寄生する内部寄生菌で、宿主から養分を得、お返しに宿主植物を虫害から守ります。これを摂取すると、この菌内のエルゴメトリン、エルゴシン、エルゴタミンなどのアルカロイドが人間にも動物にも重大な反応を引き起こすのです。

この症状は古代から記述され、重症度によってよいこととも悪いこととも（通常はこちら）様々に解釈されました。研究者たちは、古代中国・アッシリア・エジプトの文献にも同様の反応の記載を見つけています。古代ギリシャの医師、ヒポクラテスは、melanthionという病気について述べていますが、これは麦角中毒だったのかも知れません。一方で、この菌は出産後の出血を止めるのにも使われました。また、宗教儀式で幻覚を得るために摂取されたという人もいます。湿地で保存された先史時代の遺体から発見された麦角菌の痕跡は、この菌が儀式の生け贄となる人を殺すのに利用されたかも知れないことを示唆しています。

麦角中毒の症状は主に2種類あり、いずれも悲惨です。痙攣性麦角中毒の患者は、吐き気・嘔吐・極度の関節痛・筋肉の痙攣・激しい痒み・発作・重篤な下痢が出ます。幻覚や精神異常を伴うことも少なくありません。壊疽性麦角中毒の場合は、血管が極端に収縮し、手足の指の感覚を失い、時には神経が麻痺して痛みなく壊死して落ちることさえあります。中毒の初期段階に感じる、燃えるような感覚は、中世には「聖なる火」と言われました。神が罪人を罰しているため、死ぬ前に地獄を通過していると考えられたのです。ヒエロニムス・ボス（1450〜1516年）は「聖アントニウスの火」にかかった人を描きました。患者は痛みにのたうち、潰瘍と傷に覆われ、空想上の怪物に拷問されています。

ボスは、エジプト東部の砂漠で悪魔の誘惑を受けた3世紀の修道増、聖アントニウスの苦痛にインスパイアされた多くの画家の1人に過ぎません。サルバドール・ダリの1946年のシュールレアリスムの大作『聖アントニウスの誘惑』は、澄み切った青空を背景に、裸の聖アントニウスが細長い軸のような足の恐ろしい怪物の群れに十字架を振りかざしています。ダリはあるコンペのためにこれを描きました。最優秀作品は映画『ベル・アミの個人的な仕事』に使われることになっていました。フ

p.135 バッカクキンに感染して麦角病を発症したライムギ。P.ビュイヤール『フランス植物誌』、1780〜98年。

LE SEIGLE COMMUN FLO.FRAN.

cale cereale *L.S.P. 124. cette plante est annuelle on la cultive partout; ses tiges s'élevent de 5 a 6 pieds on*
pi terminale composé de 36 a 48 épillets qui ont chacun deux fleurs A. chaque fleur B. a deux valves dont l'ex
eure est barbue, trois etamines et un germe surmonté de deux styles velus, on rencontre toujours deux valves calici-
es aa. a la base de chaque épillet.

B. La fig. M est celle d'un epi de SEIGLE en fleur. la fig. N est celle d'un epi de SEIGLE chargé de bonnes graines et D'ERGOTS. les f
représentent deux épillets, une des deux fleurs a été retranchée de l'épillet B. la fig C est celle du germe. la fig D celle des graines. les fig. E. F
celles de toutes les formes D'ERGOT.

FRANCE on mange surtout dans les campagnes autant de pain de SEIGLE que de pain de FROMENT, il y a des
ées ou la maladie du seigle qu'on nomme ERGOT, CLOU, BLED CORNU, cause les accidents les plus facheux
Mem. Soc. Roy. de Med. par M. l'ab. TESSIER page 417 et les discours sur les plantes alimentaires et sur les
tes vénéneuses de la FRANCE.

ランスの作家、ギュスターヴ・フローベールの小説をアレンジした映画で、彼自身が生涯の大半をこの聖人に憑りつかれていたのです。最終的にマックス・エルンストがコンペを勝ち取りました。中世の皮膚病患者は恐ろしい鬼がいっぱいの彼の幻想に結びつきます。それぞれの鬼は「ボス以上にボスらしい」と言われました。

西暦591〜1789年の間に、ヨーロッパでは少なくとも130回のバッカクキン関連の疫病流行があり、一度に何万人もが命を落としたり障害を負ったりしました。944〜45年のフランスでは、アキテーヌとパリで2万人もの人が亡くなっています。ペスト（黒死病、1346〜53年）が広がり始めた直後には、疫病蔓延が特に頻発しました。確かに、麦角中毒は多くの症状がペストと似ています。一部の研究者は、麦角中毒で既に社会全体の免疫機構が傷ついていたために、ペストが最悪の結果になったと指摘しています。

麦角中毒の流行は常に、スカンジナヴィア、ドイツ、フランス、東欧など、ライムギ依存度の高い国で起こりました。ライムギが好まれなかったイングランドでは発生の記録がありません。一方、ロシアの一部地域では、第2次世界大戦までこれで死ぬ人がありました。麦角中毒が最も蔓延した年は、冬が特に寒く、春の湿度が高かった年と重なります。菌の悪性度が最も強くなるためです。ライムギはコムギ（滅多に麦角菌に感染しない）を買えない人々が広く食べたので、聖アントニウスの火は、灰色や黒に変色した麦粉しか買えない貧乏人への神の裁きだと考えられました。特に若い人に被害甚大でしたが、単純に、若い人ほど感染したパンをたくさん食べたからでしょう。

聖アントニウス病院騎士修道会は1100年頃、フランスのグルノーブルで創設されました。ある貴族の息子が、聖アントニウスの聖遺物によってこの病気から救われたことへの感謝として献げられたのです。以降、ヨーロッパ中で聖アントニウス系の病院が、麦角中毒の他、ハンセン病など他の皮膚病患者を看護することで有名になっていきました。主な治療法は祈りでしたが、薬草の軟膏も用いられ、炎症緩和のため患部の手足に大量に豚の脂をすりこんだりもしました。しかし、最も治癒率が高かったのは、ライムギがあまり栽培されない地域の病院であることが多かったのです。

当初、この症状の原因が麦角菌に感染したライムギだとはわかりませんでした。それでも、一部地域では、健康なライムギの禾（のぎ）に侵入した黒い菌核は、魔法の力や癒やしの力があると考えられていました。ポーランドの一部では、穀物に大量の青黒いところができるのは豊作の予兆と考えられました。雨はバッカクキンが必要とする水分ももたらし、致死毒を作り出す恐れがある一方、収穫も増やしてくれるからです。また、1740年代、信心深い人々の中には、麦角中毒は悪魔のしわざではないとし、中毒による幻覚を聖体験や法悦として捉える人も出ました。

しかし、民話は、何か忌まわしいことがライムギの中で起こっていると感じていたようです。ゲルマン伝説では、様々な穀物を攻撃する多くのフェルトガイスター（Feldgeister、畑の精）の中にロッゲンヴォルフ（Roggenwolf、ライ麦の狼）がおり、そのリーダー格の女、あるいは狼の変化（へんげ）はロッゲンムーメ（Roggenmuhme、ライ麦婆）という、一層恐ろしい存在でした。この女悪魔は、同じような意味の多くの別名で呼ばれますが、指に火がついていて、鉄の乳首のついた垂れ乳にはタールが入っています。穀物に襲いかかる時には、この乳房を肩から背中へ投げかけるのです。また、ライムギ畑で花を摘む子どもをさらうこともあります。各地方にいろいろ伝わる戒めでは、農民はこの悪霊を収

p.136 街の上を威嚇するように飛ぶ魔女たち

種の最後の1束に閉じ込めてしまえと教えます。そして、この束の首をはねたり、村中を練り歩いたりしました。翌春にこれを燃やす地方もあります。

ヘッセン公国で麦角病の発生が議論されていた1596年、穀物と麦角中毒の関係を初めて研究したのは、ドイツの医師、ヴェンデリン・テリウスでした。そして1676年、フランスの植物学者、ドニ・ドダールが原因は感染したライムギだと突き止めましたが、フランスの菌類学者、ルイ・トゥラーヌが、感染源は菌だというオーギュスタン・ドゥ・カンドールの1816年の説を証明するのに、1853年までかかったのです。

1917年、スイスの生化学者、アルトゥール・シュトルが、心臓病や偏頭痛などの治療のために、バッカクキンから様々なアルカロイドを分離しました。彼はまた、産後の止血などの古い民間治療に実際に効果があることも証明しました。シュトルは同僚の化学者、アルベルト・ホフマンとも協力します。ホフマンは循環器・呼吸器の疾患に効く刺激剤を見つけたいと考え、リゼルグ酸という物質により深い関心を寄せていました。彼はその研究過程で、1943年4月16日、LSDを発見したのです。

舞踏病と呼ばれる奇妙な現象は、しばしば麦角中毒の幻覚作用のせいにされてきました。7世紀から17世紀まで、ヨーロッパ中で定期的に発生した病気です。流行が突然終わることもあり、聖ヨハネのダンスや聖ヴィトゥスのダンスと呼ばれましたが、集団が浮かされたように身体をねじり、踊り出して、回復するか倒れるか死ぬまで何時間、何日、あるいは何ヶ月もそれが続くのです。

この奇妙な集団ヒステリー状態は、村々を踊り歩く人々の群れとなり、しばしば飢饉の時に起こりました。患者たちは、聖職者に自分たちを苦しめる見えない悪魔から助けてくれるよう請い願ったと言います。多くの人にとって、聖なる喜びでも法悦でもなかったのです。音楽家が呼ばれて治療に当たることもありましたが、逆効果になることの方が多く、むしろ一層大勢が踊りに加わってしまったりしました。特に北欧でよく発生し、「ハーメルンの笛吹き」のような民話の元になったのはこれかも知れません。

イタリアでは、同じ症状をタランテラ症と言いました。被害者は毒蜘蛛のタランチュラに噛まれて、民俗舞踊のタランテラを踊るとされたからです。患者は黒い色を忌避するとも言われました。しかし、麦角中毒は、考えられるこの症状の現代的解釈の1つに過ぎません。他の研究者は、これはてんかんや脳炎などの震えを引き起こす病気、あるいは飢餓や貧困からの一種の集団治療的解放ではないか、それとも何かの儀式や芝居かも知れないと指摘します。

1976年、アメリカの心理学者、リンダ・カポレールは、悪名高いセイラムの魔女裁判が麦角中毒の結果だったという説を述べました。ライムギは、宗教心の強かったニュー・イングランドで柱となる穀物だったのです。気象記録から、1692年2月、若い女性8人が近所の人を魔女だと告発した時期、ライムギが湿度の高い状態で収穫されて何ヶ月も保存されていたことがわかりました。菌が感染し、人間にも家畜にも作用を及ぼすには十分な時間があったことでしょう。カポレールは、原告も被告も感染したライムギの影響を受けていたと思われ、幻覚や空間識失調、皮膚の蟻走感、筋肉硬直などの症状があっただろうと言いました。その夏は暑く乾燥したため「魔術」の出現は終わりましたが、女性14名、男性5名、犬2匹が処刑されるという結果になりました。

p.139　麦角中毒の研究。
テオドール・オットー・ホイジンガー、1856年。

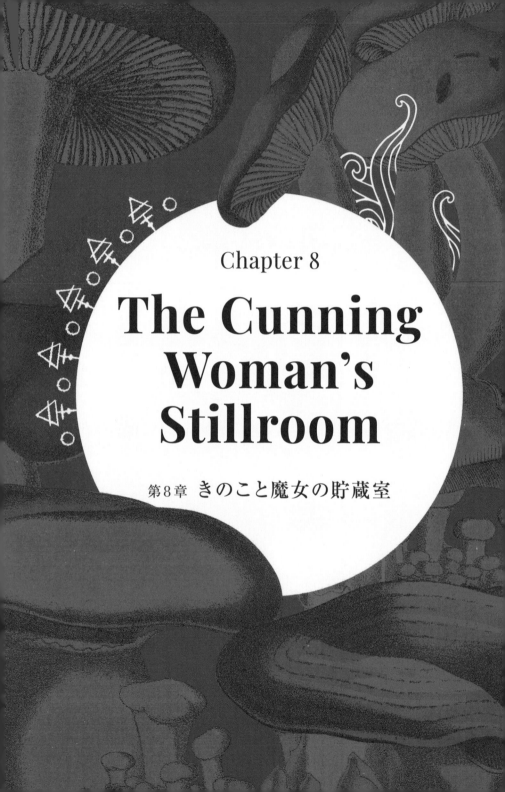

Chapter 8

The Cunning Woman's Stillroom

第8章 きのこと魔女の貯蔵室

過去何世紀も使われてきた蔵や貯蔵庫では、

家の女主人が家族全員の健康のために

薬や滋養強壮剤を作っていました。

しかしそこで、薬草などの植物ほど、

きのこが使われることはありませんでした。

その大きな理由は1つ、

多くの国できのこは信用されていなかったからです。

しかし、幸運のおまもりから惚れ薬まで網羅する

伝統薬や民間薬が

魅力的なきのこの世界の有用性に

気づかなかったわけではありません。

最良の医療はまず何よりも病気を避けること。
きのこの最善の用途は病気の予防薬でした。

　韓国ではきのこの煮出し汁は優れた万能薬とされ、世界の他の場所では、野に生える普通のきのこ（ハラタケ、*Agaricus campestris*）で作った強壮剤は全般的な滋養強壮剤で、結核や風邪を予防すると考えられていました。ハラタケを牛乳で煮ると、喉の痛みを和らげました。ヒメキクラゲ（*Exidia glandulosa*）などのキクラゲは、伝統中国医学で血行を改善するとされています。

　ときには、きのこを身につけたり飾ったりするだけで、幸運のおまもりになると言われます。古来、

クランプ・ボール、別名アルフレッド大王のケーキとよばれるチャコブタケ（*Daldinia concentrica*）を脇の下に入れると、痙攣が止まるとされました。これが乾燥して奇妙な黒い半円になったものはトネリコの木に見られ、便利な火口（ほくち）になりました。考古学者は複数の文明できのこ型のおまもりを発見しており、中には紀元前4〜3世紀のトルコで見つかった小さな石製のこもあります。身を守るか健康のため、そして装飾目的で身につけたのでしょう。有名な不老不死のきのこ、マンネンタケ（霊芝、*Gan-*

Agaricus campestris, *Linn.*

oderma lucidum）は、悪霊を防ぐ魔除けとして玄関先に吊るすこともありました。これを絵に描いただけでも魔除けになり、ゾロアスター教では、霊芝の形は子どもの上着などの衣服で魔除けの模様とされました。

ロバート・ロジャーズの600ページにも上る名著『薬用菌類学（The Furgal pharmacy）』（2011年）は、世界中で見られる無数の伝統薬の実例を紹介しています。その多くは何世紀も利用されてきたもので、ホメオパシーなど現代的な応用がなされている例も見られます。各種のきのこが複数の目的で使われることもありました。たとえば、北米先住民のクリー族では、ベニテングタケ（Amanita muscaria）は洗眼液の材料として最もよく利用され、ヨーロッパではのどが痛い時のうがい薬です。キクラゲ（Auricularia auricula-judae）はヨーロッパ全域でほとんど同じ目的で使われ、牛乳で煮て黄疸の薬にしました。

治療効果を考える時、きのこの名前や外見は無視するに限ります。コツブタケ（Pisolithus arhizus）は英語で「死人の足」や「犬糞きのこ」などの無益な別名がありますが、しもやけから胃潰瘍まで何でも出血を止めるのに使われてきたのです。

多くのきのこや菌は抗菌作用があると言われます。もちろん、最も有名なのがアオカビ属（Penicillium）でしょう。世界初の抗生物質、ペニシリンを生んだカビです。そのような仲間にはユキワリ（Calocybe gambosa）もあり、研究で抗菌作用が証明されました。サセックス州では、カバノキに生えるカンバタケ（Fomitopsis betulina）で作った炭を消毒薬にします。乾燥したカンバタケは、ひげそり用ナイフの刃を研ぐ用途にも使われました。

ガン治療を巡る競争で、多くの菌類にスポットライトが当たり、主要なほとんどのグループのきのこが研究対象とされました。有望な種には、マイタケ（Grifola frondosa）、キコブタケ（Phellinus igniarius）、ヤマブシタケ（Hericium erinaceus）、ブナシメジ（Hypsizygus tessellatus）などが挙げられます。研究の多くはまだ初期段階ですが、抗腫瘍性や抗酸性が主張される伝統薬がいくつかあるのも事実です。シイタケ（Lentinula edodes）は日本で昔、胃がんの治療に使われたことがありました。シクロスポリンは最初、甲虫に寄生するトウチュウカソウの仲間、Tolypocladium inflatumから分離されましたが、関節リューマチやクローン病の治療に利用される他、臓器移植後の拒絶反応抑制剤にも用いられ、WHOの必須医薬品リストにも掲載されています。

多くのきのこは不思議なくらい人間の生殖器に似ているため、媚薬になると思われたのも無理はありません。カナダのブリティッシュ・コロンビア州沿海の群島部に住むハイダ族の伝承に登場するきのこ男は、創造主であるワタリガラスが顔を描いたサルノコシカケ類から生まれたのだそうです。菌類学者のローレンス・ミルマンは、きのこ男だけが精霊のバリアを突破して女性生殖器を見つけることができたという話をしています。また、15世紀のチベットの医師で植物学者のズルカル・ニャムニ・ドルジェは、トウチュウカソウ（冬虫夏草、Ophiocordyceps sinensis）の媚薬効果を説きました。芋虫の頭から生える菌、現在ではそれは何億円という規模の産業になりました（p.146参照）。

アジア全域で、マンネンタケ（霊芝、Ganoderma lucidum）は女性が性的に興味を持った男性に与えるものでした。ロバート・ロジャーズは、これは仲介者の手を経ることが多かったと書いています。

p.142 ハラタケ（Agaricus campestris）。
アンナ・マリア・ハッシー『英国菌類図譜』、
1847〜55年。

しかし、ラップランドの若者たちはもう少し直接的でした。カール・フォン・リンネは1737年、若者がハプロポルス・オドルス（*Haploporus odorus*）というきのこのかけらを「股間のポケットに入れておく」と述べています。そのスパイシーで刺激的な香りが、思う相手を惹きつけてくれるよう願ってのことだそうです。リンネは、他の国々では若い娘たちが「コーヒーとチョコレート、砂糖漬けと砂糖菓子、ワインとおつまみ、宝石と真珠、金と銀、絹の服と化粧品、舞踏会と会合、音楽とお芝居」を望むのに、ラップランドでは「少ししおれたきのこで満足する」と語りました。

愛し合う2人が一緒になったら、きのこは子宝を授かるのに一役買います。『初期イングランドの医療・本草学・占星術（*Leechdoms, Wortcunning and Starcraft of Farly England*）』は、その名に反して、19世紀の教区牧師、オスワルド・コケインの考案した魔法のレシピ集で、「ノルマン征服以前の我が国の科学史」というサブタイトルがついています。コケインが1864年に出版した書物の確かな由来はわかりませんが、それぞれのレシピは非常に複雑です。「女性を妊娠させるには、重さ4ペニーのウサギのレンネット（胃の内膜）をワインに入れて飲ませる。女性には雌のウサギのもの、男性には雄のウサギのものを飲ませること。それから性交し、その後は禁欲させる。するとすぐに女性は妊娠する。大切なのは、しばらくはお風呂の代わりにきのこのペーストを使うこと。これで見事に妊娠するだろう」と彼は書いています。なのに、女性がどのきのこを使うべきなのか、言い換えれば「ペースト」は何で作ればいいのかという説明は、長い年月の間に失われてしまったのです。

p.145　マイタケ（*Grifola frondosa*）。
アンナ・マリア・ハッシー『英国菌類図譜』、1847〜55年。
下　ユキワリ（*Calocybe gambosa*）。
アンナ・マリア・ハッシー『英国菌類図譜』、1847〜55年。

Polyporus intybaceus, Fries.

Caterpillar fungus

トウチュウカソウ
（冬虫夏草）
Ophiocordyceps sinensis

遠い昔、チベットの牧夫は家畜が蹄で
奇妙なきのこの混じった土を掘り出したら、
すぐに発情期が始まることに気づいたと言われます。

雌のヤクに効果があるなら人間にも効くと考えて、彼らはトウチュウカソウを媚薬として採取し始めました。チベット語でヤルツァ・グンブといいます。

今日、トウチュウカソウは何兆円もの産業となり、チベット高原の一部地方では最も重要な換金作物となっています。日本や中国では冬虫夏草と呼びます（読み方は異なる）。かつて、冬には動物だが夏には植物になると思われていたためです。

トウチュウカソウ［*Ophiocordyceps sinensis*、従来ノムシタケ属（*Cordyceps*属）とされてきた］はオフィオコルディセプス属の一種で、昆虫に寄生し（p.188のゾンビアリも参照）、必ずとは言えませんが、普通は宿主を殺してしまいます。トウチュウカソウの犠牲になるのは通常、コウモリガ（*Hepialidae*属）の幼虫で、地中で植物の根をエサにしています。夏の終わりに脱皮すると、土中の胞子に感染しやすくなり、トウチュウカソウが寄生して幼虫を食べ尽くしてしまうのです。このとき菌糸のネットワークを利用して、幼虫の体内器官を液体化して消化するので、幼虫はうまくミイラにされてしまいます。翌春、焦げ茶色の長い子実体が幼虫の死骸の頭部から生え、胞子を拡散するというわけです。

トウチュウカソウは中国神話上の黄帝のお気に入りと言われてきました。唐時代の620年頃の文献に登場するほか、1694年の汪昂『本草備要』でも触れられています。現代の伝統中国医学でもチベット伝統医学でも、多くの症状の治療に用いられ、今なお媚薬になるとも考えられています。そのため、非常に高値を呼んでおり、『民族薬理学会誌』によると、2019年には高品質のものなら1ポンド（453.6グラム）で14万ドル（当時約1,540万円）もしました。これは産地の住民にとって、少しでも多く採取しようという大きな動機になりますが、政治的な領土問題にもつながり、さらには、トウチュウカソウは絶滅危惧種になってしまいました。野生種は高濃度のヒ素や重金属を蓄積している恐れがあるため、トウチュウカソウは必ずしも人体にいいとも言えなくなっています。現在では、有効成分がやや異なりますが、近種のサナギタケ（*Cordyceps militaris*）がもっと安価な代用品として栽培されるようになりました。多くの菌類と同様、西洋科学は抗炎症性と移植手術後の回復増進のため、トウチュウカソウの仲間全体に大きく注目しています。それでも、コウモリガの幼虫はもうしばらく頭の痛いことでしょう。

p.147 トウチュウカソウ（*Ophiocordyceps sinensis*）。『フンガリアム』より、ケイティー・スコット画。2019年。

Exidia Auricula - Judæ. *Linnæus.*

Jelly ear

キクラゲ（木耳）

Auricularia auricula-judae

その異様な生え方のため、世界中どこでも、
このキクラゲという奇妙なきのこは
人間の耳と結びつけられることになりました。

古木から直接生えるように見えるキクラゲは、木の耳、ゼリーの耳、黒い木の耳、豚の耳など様々に呼ばれますが、民間伝承で最も有名なのは、聖書でイエス・キリストを裏切ったイスカリオテのユダと関連付けるものでしょう。

このきのこは伝統的に、「不幸な」ニワトコの木だけに生えると誤解されてきました。ユダがキリストを裏切った後に首を吊った木です。ニワトコは小ぶりで比較的弱いので、死者の体重を支えられないと反論する人は、神が罰として昔は立派だったこの木を小さくし、大きかった実も小さなビーズ程度にしてしまったと言い返されたものでした。「ユダの耳」という意味の名はヨーロッパ中で共通で、ドイツ語でJudasohr（ユダスオール）、フランス語でoreille de Judas（オレイユ・ドゥ・ジュダ）と言います。あまり感心しない英語の別名Jew's ear（ユダヤ人の耳）は、中世にJudasを誤記したことによります。

学名の命名法も、このきのこの見紛うことなき耳との類似を取り上げました。薄茶色で半透明、外側は滑らかで凹みがあるのです。しかし、現代の学名にたどり着くには少し時間がかかりました。カール・フォン・リンネは多くのゼラチン質の種類を *Tremella*（震えるもの）とひとまとめにします。しかし、この名称は膠質菌と粘菌と海藻を一緒くたに呼ぶもので、範囲が広すぎて不正確でした。18世紀のフランスの菌類学者、ピエール・ビュイヤールは、ユダとの関連を残して *Tremella auricula-ju-*

dae と改称しましたが、ドイツの化学者、ヨーゼフ・シュレーターがキクラゲをもっと細かく特定的なキクラゲ属（*Auricularia* 属）に分けたのは、ようやく1888年のことです。

キクラゲはニワトコ属の他、通常は落葉性広葉樹に生えますが、トウヒ属など一部の針葉樹にも生えます。中世の医師たちは、古来からの医学「特徴説」で解説すると、このきのこが面白いことに気づきました。キクラゲはゼラチン質なので、ローズウォーターに一晩浸し、眼病の薬にしたのです。また、内側が喉のようだとされたので、エリザベス朝の本草学者、ジョン・ジェラードは牛乳で煮ると喉の痛みを和らげると薦めました。

ごく近種の *Auricularia nigricans*、アラゲキクラゲは「粗い毛の生えたキクラゲ」の意味で、中国では「雲の耳」を意味する名前です。筆で描いた雲に見えるからか、水中で膨らむからでしょう。タイでは「ネズミの耳」という名前です。乾燥させて無愛想な「黒きのこ」というラベルを貼った大袋入りで売られることが多いのですが、あまり味はないものの、水で戻したキクラゲは多くのアジア料理に楽しい食感を与えます。伝統中国医学でも用いられ、鉄分やビタミンKの含有量が多いことから身体によいとされる他、血圧を下げ、心身の気を上げると言われます。

p.148 キクラゲ（*Auricularia auricula-judae*）。
アンナ・マリア・ハッシー『英国菌類図譜』、
1847〜55年。

Amethyst deceiver

ウラムラサキ

Laccaria amethystina

1960年代の子ども部屋の壁に飾られたポスターに描かれた、
紫の滑らかなきのこのよう。
ウラムラサキは森の地面・下草に生えるものの中で最も美しいきのこの1つです。

英語名はAmethyst deceiver、つまり「deceiver＝裏切り者」という名をもつきのこです。

キツネタケ属（*Laccaria*属）はペルシャ語の「色を塗った」という言葉を語源にもち、これに属するきのこは多くの言語で「裏切り者」というような名前がついています。成熟するに従って、カメレオンのように見た目を変えるためです。すべてのきのこは時間とともに変化しますが、この属のきのこは一生のうちの同じ段階にあっても、まるで別種のように外見が異なります。このため、初心者には種類を特定するのが難しいのです。これらのきのこは外生菌根菌、つまり植物（多くはブナやナラの仲間）と共生しますが、宿主の細胞膜内まで侵入することはありません。菌根菌は植物の根の周囲に「菌鞘」を形成し、植物が水分やミネラルを吸収するのを助けます。あわせて地中に広がる菌根菌の菌糸は、互いにネットワークを形成し、森は菌糸でつながった一つの有機体なるのです。

ウラムラサキは薄紫から濃い紫で、傘は凸型のこともあれば凹型のこともあります。オオキツネタケ（*Laccaria bicolor*）は古典的なきのこ型になることが多く、傘は平らで中肉の筋張った柄があります。柔らかいヴェルヴェットのような見た目になったり、赤紫からローマの有力者が身にまとった紫まで、その色調は様々です。さらに、縁が巻き上がったり、幅広の長短混じった紫の襞が縮れたりします。成熟すると、特に暑い日が続いた後には乾燥し始め、ぼやけた茶色や褐色に色褪せていきます。ウラムラサキは食べられますが、おいしいとはされていません。むしろ、ヒ素の蓄積を測る生物指標になると考えられ、ロバート・ロジャーズの言う通り、「もっとおいしくて安全なきのこがたくさんある」のです。

ウラムラサキの採集を避けるべき最大の理由の1つは、成熟したウラムラサキは、誤食すると死亡の恐れがあるシロトマヤタケ（*Inocybe geophylla*）が紫になったものと間違えることがあるということです。ムラサキフウセンタケ（*Cortinarius violaceus*）も紫ですが、もっと色が濃く、ほとんど青紫です。これこそ「妖精のきのこ」で、もっとぽっちゃりしており、柄は太く、全体が丸形で、同じ仲間には毒性のあるものもあり、なによりも珍しい種類なので、その保護の観点からも誤って採集しないようにしましょう。

ウラムラサキはキツネタケ（*Laccaria laccata*）に混じって生えることがあります。キツネタケはあまり艶がありませんが、いわゆるきのこらしい形で、普通はオレンジ味の茶色から始まってピンク味のベージュに褪せていきます。ヒメキツネタケモドキ（*Laccaria tortilis*）もオレンジがかった茶色の凹んだ傘があり、成熟すると傘の縁は波打って、珊瑚のようなフリルになります。

p.151 ウラムラサキ（*Laccaria amethystina*）。ジェイムズ・サワビー『英国産菌類・きのこ彩色図譜』、1795〜1815年。

Witches' butter
コガネニカワタケ
Tremella mesenterica

紛らわしいことに、この「よく似ているが違う」きのこたちは、
複数の通称と学名があります。

Witches' butter（魔女のバター）と呼ばれるのに最もふさわしいのはコガネニカワタケ（*Tremella mesenterica*）で、英語では他に「黄色い脳みそ」「星のゼリー」などを意味する別名があります。鮮やかな黄色と宿主である落葉樹から滴り落ちるような外見から、何世紀もの間、落ちた星から生まれたと考えられていました。詩人のジョン・ダンは、ある祝婚歌で、幸運を求めて奔走する新郎をこう歌いました。

> 彼は星が落ちるのを見て走って行き
> そこでゼリーを見つけた

もっと一般的なのは、これは妖精かエルフが作ったバターだというものでした。スウェーデンでは、農家の雌牛の乳を勝手に搾って、騒がれたのでバターをこぼしたトロールのしわざだと言いました。夏至の前夜（6月23日）には、このきのこを火に投げ込み、トロールに姿を現させて慈悲を乞わせる伝統がありました。

19世紀の民話採集者、トーマス・カイトリー（キートリー）は、あるフィンランドの伝承を紹介しています。コガネニカワタケをタールで揚げ、塩と硫黄をまぶしてひっぱたいて、魔女の手下であるコボルト（このきのこを吐き出した、あるいはひり出したとされるゴブリンのような魔物）に姿を現させます。すると魔女も現れ、手下の命乞いをするのだそうです。

17世紀ウェールズの大審院は、複数の「魔術という悪行」の裁判を記録しています。告発の一部は1656年に魔術を使ったとして訴えられたグウェンリアン・デイヴィッドに対するもので、その中で、彼女は邪悪な目的のためにコガネニカワタケを利用したと告発されました。罪を証明するため、真っ赤に焼いたナイフを、彼女の家の玄関柱に吊るされたきのこに突き刺したところ、老女はたちまち痛みにもがき始め、2週間後に村人が哀れんでナイフを抜くと、「グウェンリアンはすぐに治り始め、証人審問官はそれ以上証言しなかった」そうです。

変形菌類のススホコリ（*Fuligo septica*）には英語で「犬のへど」「粘菌」「かき玉子粘菌」などの通称があり、エストニアでは「魔女の糞」と呼ばれます。ススホコリは菌類ではなく原生動物であり、バターとも関係ありません。またコガネニカワタケの仲間は、その色により「茶色の魔女のバター（*Phaeotremella foliacea*、ハナビラニカワタケ）」「黒い魔女のバター（*Exidia glandulosa*、ヒメキクラゲ）」「オレンジ・ゼリー（*Dacrymyces chrysospermus*、ハナビラダクリオキン）」「アプリコット・ゼリー（*Guepinia helvelloides*、ニカワジョウゴタケ）」など、その姿や特質からバターやゼリーのような名前をもっています。

中国では、金耳（*Naematelia aurantialba*）というきのこを栽培し、くるみのケーキやビスケット、麺、パンに入れて食感を加えます。「銀の耳」「白いゼリー」「雪のきのこ」と呼ばれるシロキクラゲ（*Tremella fuciformis*）は、甘みをつけてデザートにするのに向くとされる唯一のきのこで、中国・日本・韓国で食べられます。

p.152 コガネニカワタケ（*Tremella mesenterica*）。アンナ・マリア・ハッシー『英国菌類図譜』、1847～55年。

Fungus in the garden – the white hats
庭に生えるきのこ：
善玉菌

土起こしは園芸愛好家の人生そのものです。
G.T.マッケンナは、『戦時中の市民菜園』(1944年)で、読者に対し、
菜園を幅60cm・長さ4.5mに区切り、
少なくとも踏み鋤1回分の深さまで掘って、土を耕すよう勧めました。

菜園の反対側でも同じことをします。そして、2番目の溝から掘り出した土すべてを最初の溝に入れます。自分の菜園区画全体で同じことをすると、最終的に両側に掘った45本の溝の土が別の溝の土と入れ替わります。最後の溝は最初に掘った溝の土と入れ替えるのです。

この作業は腰が痛くなる上、何世紀も前から標準とされた土作りのアドバイスは、今では益より害の方が多いと考えられています。ロシアなどいくつかの文化圏ではずっと昔から、きのこや菌類と樹木の関係が知られており、きのこは結びつく木の名前で呼ばれることがよくありました。しかし残念ながら最近まで、その関係の理由や、関係が植物界の90%にも及ぶことは知られていませんでした。

菌根性のきのこは、私たちの足下の土の中のあらゆるところに生息しており、植物の根に菌根を作っています。植物がその住処と光合成産物を菌根菌に与え、その見返りに菌根菌は、植物に水とリン、マグネシウム、カルシウムなどの必須な養分を提供するのです。植物の種類によって共生する菌根菌類の種類も異なります。また土壌条件によっても変わることがあります。90%以上の陸上植物が菌根を作り、そのうち約2%の種類の植物(ほとんどは木本類)が、地球の陸上生態系で優占する外生菌根性の植物です。これらの植物(ブナ科、マツ科、カバノキ科など)はトリュフ、アンズタケ、ポルチーニなどの外生菌根菌と共生します。これがこれらのきのこ類の商業栽培を難しくする大きな理由の1つです。

菌根菌は多くが人間の目に見えませんが、見える時には土の中に白い筋になっていることが多いので、善くないものと考えられて破壊されてきました。ああ、人類は何千年も土を耕してきたのに、それがどうやら生産力を上げるのには逆効果で、最善の策は土を放ったらかすことだなんて。もし掘ったり鋤いたりしなければならない時は、土中の菌を殺してしまわないよう機械や道具をよく消毒しましょう。腐葉土も同様に放っておくことです。バクテリアで植物性のゴミを栄養ある土に変えるコンポストと異なり、腐葉土は菌類によって分解され、多目的に使えるほろほろの土壌改良材を生み出すのです。

この不耕起栽培の考え方は、最初は「怠け者の理論」と馬鹿にされましたが、私たちが地中の植物と菌の関係強化の重要性を理解するにつれて勢力を増してきました。しかし、この関係性について私たちが学ぶべきことはまだまだ多く残っています。

p.155 アンズタケ (*Cantharellus cibariu*)。
エルジー・M. ウェイクフィールド画。
キューガーデン・コレクション、1915～45年頃。

Fungus in the garden – the black hats
庭のきのこ：
悪玉菌

家庭菜園愛好家が作物を茂らせるには、一部のきのこや菌が必要ですが、悪さをするきのこや菌の種類は、常に善玉菌の種類の数を上回るようです。

文明の夜明け以来、農民はずっと胴枯れ病・黒斑病・根頭腐敗病・うどんこ病などなど、多くの病気と戦ってきました。ですが、多くの場合、戦う武器は民間療法だけでした。病気に抵抗できる農作物はほとんどありませんでした。

現在、科学者たちは、旧約聖書「出エジプト記」に述べられたユダヤ人の大量出国につながった古代エジプトの壊滅的不作は、植物病原菌であるさび病のせいではないかと考えています。さび菌の種類は幅広く、ネギからナシ、大豆から小麦、どの植物にも特有のさび菌が見られるようです。粉を吹くうどんこ菌も農業・園芸の脅威です。うどんこ病は植物の気孔を塞ぎ、光合成能力を低減させます。病気が発生すると、葉の表面に白っぽい菌が広がり、白い継ぎを当てたように見えます。

民俗学者のスーザン・ドルリーは、かつてハートフォードシャー州では、スピノサスモモ（*Prunus spinosa*）の枝は日の出前に切るものだったと書いています。一部は畑で燃やし、一部は屋内に吊しましたが、うどんこ病予防のおまもりにするか、病気の兆しがあれば燃やすためでした。うどんこ病の問題の多くは水やりにあります。土より葉の方が濡れてしまうと、特に温かく湿気の多い環境では菌が繁殖しやすいのです。高齢の農民に伝わる伝承が正しいことはよくありますが、お天気雨の後にはきっと黒斑病が出るということわざもその一つです。樹木には、病原菌に対する免疫が全くありません。ニレ立ち枯れ病は元々、ニレの樹皮に来る

キクイムシ属（*Scolytus*）の甲虫が引き起こすと考えられていました。真犯人は *Ophiostoma novo-ulmi* という子嚢菌類なのですが、キクイムシたちの媒介を必要とするのです。何百万本ものニレの木が失われ、特にイギリスではほぼ全滅しました。新世代の苗が育っていますが、これらが成熟したら、甲虫と虫に潜んだ死の菌も帰ってくるかも知れません。

ジャガイモ疫病菌（*Phytophthora infestans*）は史上最悪の植物病原菌のひとつです。今では菌には分類されず、クロミスタ界に移されましたが（卵菌門）、何千年にもわたって、ナス科（*Solanaceae*）の植物を襲うことで知られてきました。ジャガイモを黒く臭い泥のように溶かし、トマトをしなびさせます。通常の作物でも厄介ですが、普通なら他に食べるものがあります。しかし1845〜52年、アイルランドの貧民はそういうわけにいきませんでした。来る年も来る年もジャガイモが実らず、人々は飢え、何百万人もが餓死したり移民したりしたのです。この大飢饉の伝承は全く、またはほとんど残っていません。思い出すには辛すぎるため、「あの大嵐の時」と言い換えられます。本物の恐怖が始まる直前に訪れた、飢饉とは関係のないハリケーンを思い返すようにしているのです。

p.156 コガネシワウロコタケ（*Phlebia radiata*）は樹木の白腐れを引き起こす。
アンナ・マリア・ハッシー『英国菌類図譜』、1847〜55年。

Honey fungus
ナラタケ
Armillaria mellea

農家・園芸家・林業者の災いの大元として、
ナラタケ属は有名ですが、もう少し掘り下げてみると、
古代の秘密と地球上最大の生物が見えてきます。

属名の*Armillaria*は「腕輪」を意味する言葉から来ています。胞子を守るために若いナラタケの襞を覆うヴェールが、柄の上にリング状に残った様子を指しています。*mellea*は「ハチミツ色の」という意味です。この属には12種が含まれ、木を枯らすという評判の元になるのはその半分ほどですが、園芸家にはそれで十分です。

一部のナラタケ属は腐生性、すなわち死んだ植物を養分にします。それ以外のナラタケ属は寄生性で、宿主を殺してしまいます。生きた細胞を攻撃し、細胞が死ぬと木質の「リグニン」の部分を栄養とするため、あとには「白腐れ」と呼ばれる柔らかく白いセルロースしか残りません。彼らはじっくりとタイミングを待ち、下手な枝打ちをした傷や、虫害・動物の食害による損傷部、あるいは単純に夏の暑さでできた割れ目などから侵入します。ナラタケはナラやブナなどの落葉樹、果樹、生け垣や植え込み、時には野菜にも襲いかかります。取りつかれたが最後、健康な木でもほとんど生き残ることはできません。

感染の最初の兆候は、黄色い子実体の小さなコロニーでしょう。小さな妖精の帽子のようなサイズから、直径15cmのきのこまで様々です。種類もいろいろで、傘が濃い茶色のオニナラタケ（*Armillaria ostoyae*）から襞がピンクベージュのナラタケモドキ（*Armillaria tabescens*）、白い柄に金色の傘を持つナラタケ（*Armillaria mellea*）まであります。菌のしるしが樹皮に現れると、木は倒れ、ナラタケ

が進出してくるのです。木が理由もなく枯死してしまうこともありますが、根元の土の中に黒い靴紐のような菌糸束があったら、その枯死の原因はナラタケです。ナラタケは長い距離を移動することができますが、それはこの菌糸束のお陰です。菌糸束のネットワークによって広がるため、ナラタケは地上最大の生物として記録に名前が挙げられるようになりました。アメリカのミシガン州で見つかった巨大きのこ、ナラタケの仲間（*Armillaria bulbosa*）は、面積約15haに広がり、重さは少なくとも約10トン、おそらく1,500年以上前から生きていると言われます。ところが、オレゴン州のマルール国有林のオニナラタケ（*Armillaria ostoyae*）に比べれば、これでもまだまだひよっこ。マルール国有林で見つかったオニナラタケのクローンの菌糸束は890haまで広がり、その生存期間は2400年以上と考えられています。他にも、ワシントン州に面積約600haのオニナラタケが見つかっています。

ナラタケは食用になり、東欧で特に好まれます。消化しにくいことがあるため、完全に火を通さなければなりません。このきのこのドイツ語名HallimaschはHolle im Arschの短縮形。「お尻の穴の苦悩」という名前は下痢を指すのでしょう。

※監修者注：このページのナラタケの解説については、英語原文の数値を訂正して表記しています。

p.159 ナラタケ（*Armillaria mellea*）。
フローレンス・H.ウッドワード画。
キューガーデン・コレクション、19世紀末。

17-9-86

Agaricus melleus.

Noble rot
灰色カビ病菌
Botrytis cinerea

属名*Botrytis*はブドウを想起させるギリシャ語の「房」を意味します。
ハイイロカビは通常は悪者です。

イチゴの籠を覆う灰色の毛のような塊、バラのつぼみだった硬く茶色い玉、病気でだめになったトマトの不健康な艶。ところが、これらと全く同じカビが非常に喜ばれる珍しい事例があります。

貴腐は熟したブドウが特定の条件下でハイイロカビに感染した時に起こります。菌がブドウの通常の果汁を吸ってしまい*、乾燥し濃縮された糖分と酸とミネラルが残ります。量は減りますが、収穫されたブドウは濃く、香り高く、非常に甘くなるのです。

ただし、ハイイロカビが敵から味方に転じるには特別な気象条件が必要なので、このワインが生産できる地域は限られます。*Botrytis*属の菌が作物に寄生するには雨が必要で、かつ、ブドウの実が十分大きくなって昆虫が皮に穴を開けられるようになってから降らなければなりません。その後も湿った天候が続けば、菌が繁殖しすぎてブドウは腐って溶け、灰色の塊になってしまいます。しかし、ヨーロッパ北部や東部では秋の終わりにもっと乾燥することが多く、菌の繁殖が止まって、ブドウは縮みますが腐らないのです。

最初にこの感染に触れた文献は、ハンガリーの司祭、シクサイ・ファブリチウス・バラースの著した『ノーメンクラトゥーラ』ですが、世界的に有名なハンガリーの貴腐ワイン、トカイの伝説の初代が生まれたのは、彼の死後の1630年です。オスマン・トルコが攻めてくると知って、ラーコーツィ・ジェルジ王子の妻、ローラーントッフィ・ジュジャンナは自分のぶどう園の収穫を延期しました。木に残されたブドウはレーズンになってしまいます。ジュジャ

ンナのワイン醸造家だったセプシ・ラーズローはとにかくできることをしようと、発酵前に縮んだブドウの塊を水に浸けたのです。民話にはつきものながら、この物語にも多くの議論はありますが、金色で複雑な味わいのトカイ・アスーは「ワインの王、王のワイン」となったのでした。

今日、トカイ・ワインはハンガリーで最も大切な「Hungarikums」、すなわちハンガリー文化遺産として尊ばれています。アスーのブドウ（ハイイロカビに感染したブドウ）はプットニョシュという大きな籠に摘みます。ワインの等級は、樽にプットニョシュ何杯分のアスーのブドウが入っているかで決まり、最も稀少なエセンツィアは、アスーのブドウのみで醸造されます。一方、ドイツでは、貴腐ワインの物語は1718年に始まりました。ヨハニスベルク城のブドウ摘み労働者たちは、フルダ司教の許可が出るまで収穫ができませんでした。しかし、この年は許可を伝える使者が途中で襲われ、ブドウがかびてしまってから到着したのです。摘んだブドウは捨てられ、小作農数人に与えられました。すると、軽さがありながら驚くほど複雑な味わいのワインができたのです。収穫を遅らせるやり方は、遅らせる間に雨が降ったら台無しになってしまうリスクもありますが、うまく作れた年には、Spätlese（シュペートレーゼ、遅摘み）は垂涎の的になりました。

*監修者注：ハイイロカビがブドウの果皮表面のろう質を分解し、果実の水分の蒸発が促進され、糖分が凝縮される現象。

p.160 ブドウ収穫とワインの味見を描いた彩色木版画。ヨハン・ジティッヒ、1515年。

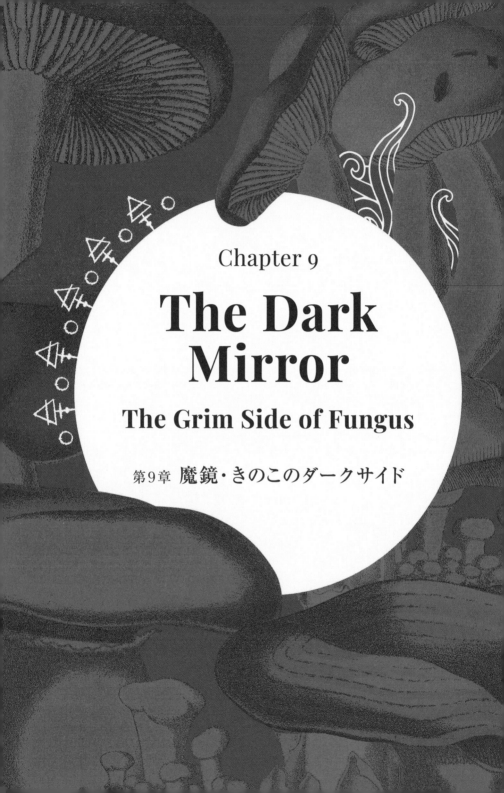

Chapter 9

The Dark Mirror

The Grim Side of Fungus

第9章 魔鏡・きのこのダークサイド

ゴードンとヴァレンティーナのワッソン夫妻は、

きのこを愛する国々では、きのこを嫌う文化より、

民話さえも常にきのこについてはるかに好意的だと述べています。

きのこ好きの国々のおとぎ話では、

きのこは森で迷った人を守ったり、

魔法の力を与えたりする存在として描かれます。

一方、きのこを恐れる国々では、

きのこは伝統的に魔女や毒や死の使いとなる

「毒きのこ」と見られてきました。

21世紀になった今でも、多くの国で、

このようなダークな面が残っています。

きのこを愛する文化でも、嫌う文化でも、多くの民話は、
子どもたちを教え導く気持ちから生まれます。

きのこを好む国々では、子どもたちは伝統的に食べられるきのこと食べられないきのこを見分けられるよう育てられました。一方、きのこを嫌う社会ではそのチャンスを無視し、子孫にはただすべてのきのこを毒として避けるよう教えたのです。

北欧とアメリカの文化伝統では、きのこや菌類の毒性への警戒は長く根付いたものでした。有名な中毒事件は大昔からあり、散発的ながらその歴史の中で途絶えたことはありません。1740年10月の神聖ローマ皇帝カール6世の死去は、タマゴテングタケ（Amanita phalloides）中毒の可能性のある事例として有名です。皇帝はきのこ料理を食べてから消化不良で苦しみ始め、いったんは回復しましたが、10日後に急変して亡くなったのです。カール6世の死で、帝国の継承を巡るオーストリア継承戦争が始まりました。思想家・歴史家のヴォルテールは、1皿のきのこでヨーロッパの歴史が変わったと書いています。

アリシャ・ランキンの『毒殺裁判』（2020年）によると、教皇クレメンス7世は死刑判決を受けた囚人で新しい「解毒剤」の試験を行う許可を出しました。外科医のグレゴリオ・カラヴィータはトリカブト属（菌類ではなく植物）の毒を加えたマジパンのお菓子を死刑囚たちに与え、それから、その半数に自分の考案した「魔法の薬」を投与しました。その多くは生き残り、ガレー船を漕ぐ「奴隷として生きる」ことになったのです。そして皮肉にも、クレメンス7世が1534年9月25日に亡くなった時、タマゴテングタケの中毒死だと噂が立ちました。しかし実際は、クレメンス7世は普通に慢性病で亡くなったようです。

これほど多くの人がきのこを恐れる理由の1つは、致死毒を持つ種類が多いためではないでしょうか。きのこ・菌類が有機堆積物（デトリタス）を分解しなければ、地上の生命は窒息してしまいますが、その極めて重要な役割を果たすことから、きのこには自然界の後始末屋という評価がつきました。司法医学でつい最近、遺体の死亡時確定の証拠として菌類を利用するようになったということは、森の中の墓や犯罪現場を特定する方法にもなるかも知れません（今のところ、まだそれほど正確ではありませんが）。

きのこ嫌いの暗黒面がはっきりしたのは1938年、史上最も不快な書、エルンスト・ヒーマーの『毒きのこ』の出版でしょう。ナチスがプロパガンダとして発行したものです。子ども向けのお話ですが、ユダヤ人を毒きのことして描き、大きな目の「アーリア人」の子どもたちが、美しいけれど致死毒を持つきのこに森の中でだまされるのです。邪悪なきのこ1つでも国全体を毒しかねないと主張するこのおぞましい本は、挿画も胸が悪くなるような甘ったるいおとぎ話タッチなので、ここには掲載しません。

個々のきのこ中毒事件は古代から知られていましたが、近年、マイコトキシン（かび毒）の生物兵器利用を警告する論文が多数発表されています。菌類の胞子を兵器にするのは、たとえば病原菌となる細菌を利用するほど簡単ではありませんが、この問題は現在も真剣に研究されており、残念ながら、テロリスト活動などへの備えとして必要だという人もいます。

p.165 アカカゴタケの仲間（Clathrus archeri）。銅版画。

Death cap
タマゴテングタケ
Amanita phalloides

古代ローマ人は、未成熟なきのこが開く前の
「たまご」の状態で賞味することがよくありました。

テングタケ属のきのこは、幼菌時、外被膜に包まれて種類を判別できないため、どれもほとんど同じに見え、採取して食べるのは「きのこルーレット」のようなものでした。きのこ狩りをする人は、ココッラと呼ばれるおいしいきのこ (*Amanita calyptroderma*) を採っているつもりで、全くつまらない別物を採っているかも知れないのです。

タマゴテングタケの中毒死例は枚挙にいとがありません。紀元後54年のローマ皇帝クラウディウス (**p.16** 参照)、神聖ローマ帝国皇帝カール6世 (**p.164**) などなど。殺人の凶器として意図的に使われたのではない場合でも、タマゴテングタケは同じ理由で事故死の原因となりました。他の多くのおいしい食用きのこと、見た目が非常によく似ているのです。

タマゴテングタケは、今では南極大陸を除くあらゆる大陸で生育しています。おそらく樹木の苗を持ち込んだ際に人間が広めたのでしょう。外生菌根性のタマゴテングタケの大半は、特にナラやブナなど、樹木の下で見られます。ただし、木の根は放射状に長く伸びるので、きのこも木の幹からは離れたところ、木の枝が広がった先あたりによく生えます。タマゴテングタケは外被膜というヴェールでラッピングされています。傘が広く少し凹んだ形に開ききり、ちょっと気持ちの悪いメタリックグリーンの傘と白い襞が広がるまで、やや鱗片のある白い柄の中程には、ちょっとスカートのような輪状の

つば（内被膜の名残）があります。タマゴテングタケは開くと白くしっかりした肉厚なきのこなので、調理したら最高においしそうに見えますが、それは誤りです。

食べてから数時間は症状が出ないため、急病の原因がすぐ判明して処置が間に合うとは限りません。食後40時間は、吐き気・腹痛・嘔吐・黄疸・発作・下痢、ときには昏睡が起きる可能性があります。非常に重症を呈した患者が、回復した様子だったのに、またすぐに致命的な臓器不全を起こすこともあります。透析や腎臓・肝臓の移植が必要になる場合もありますが、それでも患者を救えないことが少なくありません。

タマゴテングタケを食べられるようにする方法はありません。皮を剥いても、ゆでて潰しても、調理する水に銀のスプーンを入れても、緊急救命室行きを防ぐことはできないのです。ローマ時代、紀元1世紀の著述家、大プリニウスは、ナシがきのこ中毒の解毒剤になると述べ、ローマの宴会では誰かの敵がちょっと変な薬剤を試してみようとした場合に備えて、食後にセイヨウナシのお酒、ペリーを好んで飲んだと書きました。しかしこれを試してはいけません。万一誤ってタマゴテングタケを少しでも口にしてしまったら、すぐに救急車を呼んで下さい。

p.167 タマゴテングタケ (*Amanita phalloides*)。
J.H.レヴェイェ『ポーレットのきのこ図譜』、1855年。

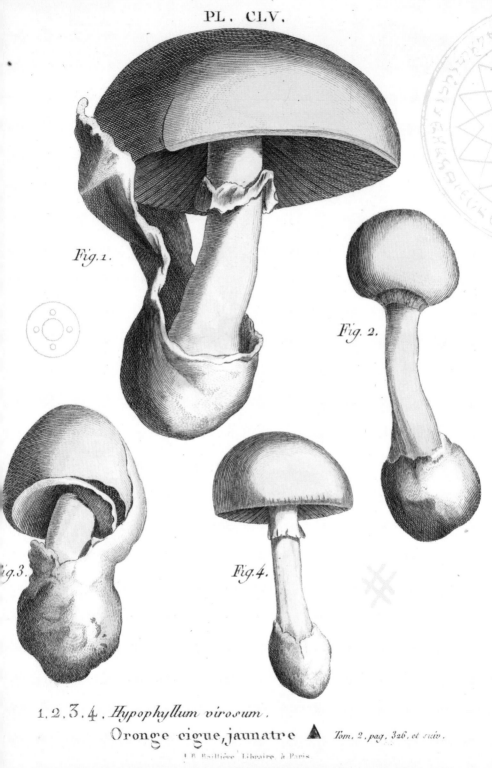

PL. CLV.

Fig.1.

Fig. 2.

Fig.3.

Fig.4.

1.2.3.4. *Hypophyllum virosum.*

Oronge cigue, jaunatre *Tom. 2, pag. 326, et suiv.*

J. B. Baillière, Libraire, à Paris.

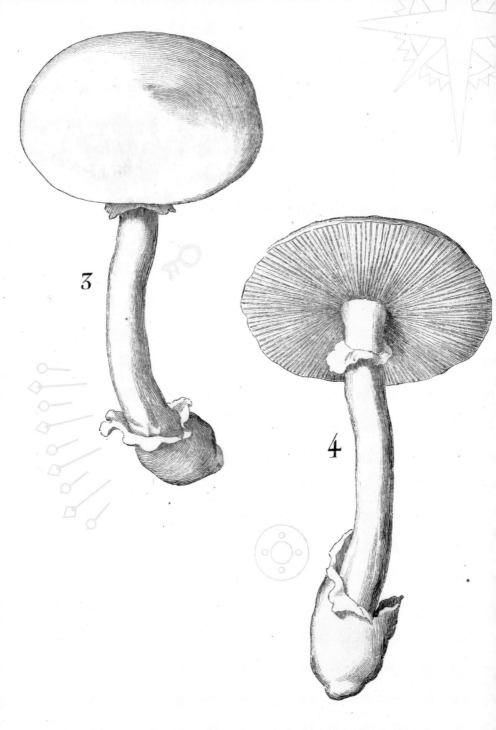

3. 4. Oronge ciguë blanche ou du printems, ▲ *Tom. 2. pag. 328.*

Destroying angel
ドクツルタケ
Amanita virosa

1997年以来、イングランドの風情ある村、
ミッドサマーでは、住民が次々と倒れていきました。

人気テレビ番組『バーナビー警部』シリーズで、イギリスの殺人の首都となってしまった村、ミッドサマーで毎週起こる事件。トム・バーナビー警部と彼の若い従兄弟のジョンに犯人探しが任されます。スペシャルゲストが演じる悪役たちのうち、陰惨な誰かが、これ以上ないほど身近な地元産の凶器を使った犯罪を行います。

バーナビー警部が第4シリーズ第2エピソードの原題"Destroying Angel"（2001年、邦題『人形劇の謎』）を目にすることができたなら、6件の殺人事件のうち、少なくとも1件の死因をすぐに突き止めることができたでしょう。気の毒なトリスタン・グッドフェローは被害者の妻と不倫関係だったかも知れませんが、おいしいきのこ料理をドクツルタケ、通称「殺しの天使」（destroying angel）と取り替えられてもいいと思えるほどの悪人ではありません。

釣り鐘型のドクツルタケは、きのこ全体でも最も毒性の高い種類の一つ、テングタケ属のタマゴテングタケの仲間の一つです。テングタケ属のきのこは様々な分量のファロトキシン類やアマトキシン類などの猛毒成分である、ファロイジン、ファロイン、アマニチンなどを含んでいます。特にありがたくないのは、これらのきのこは純白で、少なくとも若い間は無害な種のきのことよく似ており、ホコリタケ類やマッシュルームの仲間と間違えやすいことです。しかし、成熟すると見分けがつくようになります。ひどい症状は食後8〜24時間で現れ、嘔吐・痙攣・水状の下痢・譫妄・腎不全や肝不全を起こし

て、多くの場合、死に至ります。

解毒剤の試験として、マンネンタケ（霊芝、*Ganoderma lucidum*）やマリアアザミなどのハーブが実験されていますが、実験参加者の人数が少なすぎて結論は出ていません。フランスのパスツール研究所が血清解毒剤を開発しましたが、これは摂取直後に投与しなければなりません。テングタケ属の中には、ガンタケ（*Amanita rubescens*）という食べられなくはない種のきのこがあります*。これは大きな赤茶のきのこでクリーム色のいぼがあり、切るとぱっと赤みを帯びます（英語名は「赤くなるもの」を意味するblusher）。おいしいきのこですが、完全に火を通す必要があり、その上あまりにもテングタケ（*Amanita pantherina*）に似ているので、最も熟練した専門家以外、食べない方が無難です。

本当に有毒な植物やきのこでは当然ながら、ドクツルタケにも民話はほとんどありません。歴史を通じて、このきのこに関してすべき大切な話は1つだけ。子どもたちに悪魔と同じくらいこのきのこを避けるように教える話です。ドクツルタケを摂取したかも知れないと思ったら、直ちに病院に行きましょう。

*監修者注：ガンタケは、現在は毒きのことされています。

p.168 ドクツルタケ（*Amanita virosa*）。
J.H.レヴェイェ『ポーレットのきのこ図譜』、1855年。

Deadly webcap
ジンガサドクフウセンタケ
Cortinarius rubellus

なんて可愛らしい、ふっくらした妖精のきのこでしょう。
赤茶の柔らかい傘、縁は縮れ、柄はしっかりしています。
慣れない目にはこんな風に見えます。アンズタケと同じように。

　でも、ちょっと待って下さい。このだまし屋を信じてはいけません。英語名デッドリー・ウェブキャップ、日本ではジンガサフウセンタケと呼ばれるこのきのこはスカンジナヴィアや北欧の大陸部では一般的なきのこです。属名の*Cortinarius*はラテン語でカーテンを意味する cortina に由来し、このきのこが若いうち、まだ成長中の胞子を守るための内被膜（ヴェール）を指します。このヴェールは通常、襞を覆う半透明の網のように見え、そのため英語名には「網の傘」を意味するウェブキャップという名前がつきました。学名の後半、*rubellus* は「赤い」という意味ですが、実際にはリスやキツネの毛色のようなオレンジがかった赤茶の方が近いでしょう。

　近縁のドクフウセンタケ（*Cortinarius orellanus*）はよく似ていますが、南欧でより多い種類です。いずれも、森の地面を鮮やかな緑に彩るミズゴケ類や落ち葉によく映えます。ゆるやかに波打つヴェルヴェットのような傘や、斑のある柄、なまめかしい襞が、この美人を夕飯のため籠に入れて連れて帰って、と採集者を誘います。そして実際、摘んでしまう人がいるのです。

　不注意な採集者は、これを賞玩されるアンズタケ（*Cantharellus cibarius*、**p.95**参照）と間違えることがよくあります。そっくりというほどでもないのですが、アンズタケがあまりに珍重され、生育場所が秘密にされるため、新参者は「誰も知らない場所でアンズタケを見つけた」と喜びのあまり摘んでしまうのです。間違えた人が2、3日も気づかないこともあります。頭痛や嘔吐で始まるインフルエンザのような中毒症状が3週間も出ないことがあるからですが、すぐに治療しないと命に関わります。

　このように症状の出るのが遅いため、原因が有毒成分、オレラニンだと特定するのは難しいことも珍しくはありませんが、オレラニンは腎臓と肝臓に直接作用するので、治療しないと、重大な腎臓不全を招きます。オレラニン中毒はヨーロッパ全域で数年に1度発生し、集落全体に影響することもあります。1952年にポーランドのブィドゴシュチュで11人が死亡した事例などがそうです。

　メディアで最も報じられたこの種による中毒は、2008年、ベストセラー『モンタナの風に抱かれて』の著者、ニコラス・エヴァンズの時でした。エヴァンズは、ジンガサドクフウセンタケをアンズタケと間違え、バターとパセリで調理して家族に出したのです。家族4人が病院に運ばれ、エヴァンズ夫妻と妻の兄の3人は腎臓移植を受けなければならなくなりました。しかし、エヴァンズは勇気をもって失敗を公表し、彼の経験は改めて野生きのこの危険性を一般に警告することとなりました。

p.171　ジンガサドクフウセンタケ（*Cortinarius rubellus*）。M.C.クック『英国産菌類図譜』、1881年。

8 × 6

M.C.C.

CORTINARIUS *(TELAMONIA)* RUBELLUS. *Cooke.*

in swamps. Moss, near Carlisle, 1886.

Boletus Lachrymans

Dry rot
ナミダタケ
Serpula lacrymans

ナミダタケとその近種のきのこは、太古の昔から建築物・設備・船舶を襲い、
イギリスだけでも毎年250億円近い被害が発生しています。

木材の乾腐病を引き起こすナミダタケですが、この乾腐病菌は乾燥地帯では生きられません。生存には栄養と水を必要とします。

日記で有名な17世紀の作家、サミュエル・ピープスは海軍本部書記官を務め、1680年代、船の肋材の腐食は建築物の梁よりひどいと報告しました。ですが、当時の家屋で使われた木材の量を考えると、これは半ば言いがかりでした。船倉の暖かく湿った暗闇に詰め込まれていた輸入木材は、木材自体が胞子に感染していたばかりか、世界中に様々な菌種を広げ、船自体も感染させていたのです。

ナミダタケは北東アジア原産ですが、オレンジ色の胞子を雲のように拡散し、人間が行くところどこにでもコロニーを作ります。胞子が乾燥した何かの表面に落ちると、10年でも息を潜めていますが、完璧な条件が整うと大喜びでセルロースに襲いかかり、成長に必要な糖分に分解してしまいます。宿主となった木材はひび割れ、奇妙な四角い塊に縮みます。腐食が広がると、ふわふわした白い菌糸が伸び、赤い胞子を拡散する小さな肉厚のオレンジの棚型きのこを作るのです。

このきのこの属名は、ラテン語で蛇を表す*Serpula*から来ており、成熟したきのこが伸ばす白い菌糸を指します*。後半の*lacrymans*(「涙」の意味)は、子実体から水滴が分泌されるためです。

挿絵作家で博物学者のジェイムズ・サワビーは、あらゆるきのこや菌に魅了され、乾腐病の処置の研究もしました。「私の助言で、ヒースフィールド卿は乾いた外気を取り入れる適切な通風路を作り、これが効果的な処置になった」と1797年に書いています。

この菌による乾腐病は通風である程度緩和でき、イギリス海軍は鉄船を建造してこの問題を解決しましたが、それでも菌は私たちとともにいます。作家で菌類学者のローレンス・ミルマンは、第2次世界大戦中のロンドンでは、乾腐病が爆発的に流行したと書きました。空爆を受けた家屋の木材が消火のため水をかけられ、菌に絶好の環境を提供したためです。

歴史的な家屋の隅はこの菌に完璧な環境となりやすいため、特に繁殖しがちです。古い木材には、暗がり・湿気・できあがった栄養分と揃っているのです。見つかる前に広がってしまうことも多いため、この菌は「家のガン」と呼ばれてきました。人間は菌の繁殖場所が地下や屋根裏、部屋と部屋の間の空間、床板の下で、空気穴の貫通が難しいと知っています。最近では、特別な訓練を受けた「腐食探知犬」が、建築物の感染が最小限のうちに嗅ぎ当てて、ご褒美をもらうようになりました。

*監修者注:「Serpula」はラテン語で、「這う」に由来。

p.172 ナミダタケ(*Serpula lacrymans*)。
ジェイムズ・サワビー『英国産菌類・きのこ彩色図譜』、1795〜1815年。

Two bad caps たちの悪い傘型きのこ2種:

Funeral bell ヒメアジロガサ
(Galerina marginata)

Fool's conecap コツバイチメガサ
(Conocybe filaris)

この2種は生物学上のつながりはありませんが、
広くよく似た傘型の種と思われています。
浅く縁が内巻きになった縁なし帽型のきのこと、
先の尖った「おばかさんの帽子」のようなきのこです

　ヒメアジロガサの英語名、「葬儀の鐘」を意味するfuneral bellは単刀直入です。これを食べると、自分の葬儀の鐘を聞くまでそう遠くないでしょう。属名のGalerinaはずいぶん曖昧ですが、「ヘルメットのような」という意味です。傘の縁が少しまくれ上がることが多いので、よけいにヘルメットのように見えるのです。ヒメアジロガサが特に危険なのは、とても普通に見えるからです。どれもよく似た、ありふれた美味しそうな「小さな茶色のきのこ」の一つだと思われるのです。

　北半球全体でごく普通にあるヒメアジロガサは、養分とする枯れ木を腐らせていきます。表面は滑らかで、色は薄い黄色や茶色から濃いオレンジ色、傘の裏はクリーム色で、襞が多数重なっています。濡れるとべとつき、気持ちの悪い印象も与えますが、それには理由があります。ヒメアジロガサは、タマゴテングタケ（*Amanita phalloides*）やドクツルタケ（*Amanita virosa*）と同じアマトキシンを含むのです。人間も動物も、誤ってこのきのこを摂取すると、嘔吐・下痢・低体温症、それに深刻な肝臓障害を経験することになりかねません。

　コツバイチメガサは芝の間に生える小さく細いき

のこの1種で、地味な茶色の尖った傘に、自分の傘も支えられなさそうな細い柄がついています。柄の中程にちょっとフリルになったスカートのようなものがついているので、よけい安全そうに見えます。昔イギリスの学校で怠けた子どもが被らされた「おばかさんの帽子」に形が少し似ていることが、英語の通称のヒントになります。そう、fool's conecap「おばかさんのとんがり帽子」です。これも腐らせ屋で、木くずやコンポストの山に生え、活発にものを分解してくれる、とても有益な頑張り屋さんです。危険なヒメアジロガサと同じく、湿度によって色が変わりますが、通常傘は茶色で、とてもきゃしゃなので半透明に見えるほどです。よく傘の先端に尖った突起がありますが、成熟すると平らに広がって胞子を散布します。

　どちらも、ごく普通に見えるのに危険なきのこです。ありふれていて地味です。地上で最も危険な殺し屋の多くがそうであるように、おとぎ話やキャンプでの話題などロマンチックな味付けで彼らの地味さを妨げるものはほとんどありません。新米の採集者は、鐘やおばかさんとしてこれらを覚えておきましょう。

p.175 図B：コツバイチメガサ（*Conocybe filaris*）。
M.C.クック『英国産菌類図譜』、1881年。

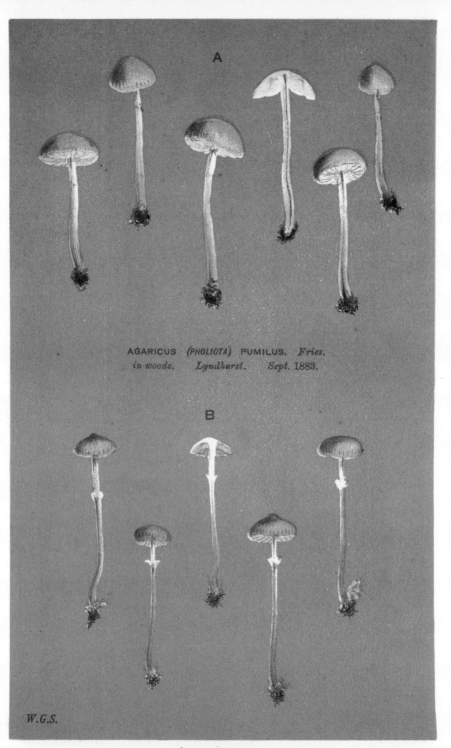

A

AGARICUS (*PHOLIOTA*) PUMILUS. *Fries.*
in woods.   Lyndhurst.   Sept. 1883.

B

W.G.S.

AGARICUS. (*PHOLIOTA*) MYCENOIDES. *Fries.*
amongst moss, in swamps, &c.

Poison fire coral
カエンタケ
Trichoderma cornu-damae

深紅で枝分かれした姿のお陰で、
このきのこは森林の地面よりエキゾチックなサンゴと
一緒に海底に生えている方がふさわしそうに見えます。

海底に生えている方が安全と考える人もいます。カエンタケの毒性は現在熱い論争の的になっているのです。

日本と韓国では、カエンタケは触れるのも危険なきのことされ、長い間極めて用心されてきました。猛毒きのこという評判は、中国やパプアニューギニアやタイなどの国で発見されるにつれ高まっていきましたが、オーストラリアで発見が記録された頃にはインターネットが発達していました。その後続々と出た記事は、真面目な科学記事からガセネタまで様々でしたが、ガセネタの方が、ネット上で全く新しい民話を広め始めたのです。

カエンタケが人体によくないことは確かです。鮮やかな赤い枝は美しいですが、トリコテセン類のマイコトキシン（かび毒）は皮膚からも吸収されると言われ、痒みや水ぶくれを引き起こします。食べるなどとんでもありません。医学誌は、胃痛や嘔吐、皮膚がむける、脱毛、複数の臓器不全、壊死、人工呼吸が必要なレベルの呼吸困難からの死亡といった事例の研究について述べています。メディアは別の症状、小脳の収縮を派手に書き立てました。

このきのこは文字通り脳を収縮させると言われたのです。これは、言語障害や幻覚、運動障害につながります。

しかし最近、風向きが変わり始めました。「殺人きのこ」がオーストラリアで見つかったとメディアが大騒ぎした時でも、菌類学の反撃は静かに始まっていたのです。konokobito.comの匿名日本人執筆者は、カエンタケの毒では人は殺せないと主張します*。人を待ち伏せしているわけではないので、偶然触れた人間に生物学的に反応するだけだと述べるのです。また、このきのこに触れた結果を恐ろしげに見せる写真は、実際には水虫になった誰かの足だと言っています。カエンタケに触れた手で目を触ってはいけないのは確かですが、触れたから死ぬというにはほど遠いそうです。執筆者たちは、一部記事のヒステリックな書きぶりは、嫌悪感以上に尊重から来たものだと考えています。

カエンタケを食べるのは危険ですが、生態系で重要な役割を果たしています。触れようとする人間にとってどんな危険があろうと、生命にとって欠かせません。同じことはどのきのこにも言えるはずです。

*監修者注：カエンタケは致死的な毒をもつ猛毒菌であることが明らかにされています。

p.177 カエンタケ（ *Trichoderma cornu-damae* ）。マルコム・イングリッシュ画、2022年。

Deadly dapperling
デッドリー・ダッパリング
Lepiota brunneoincarnata

この毒きのこの学名は、ラテン語で「鱗の」を
意味する*lepis*と「耳」を意味する*otos*からつきました。

キツネノカラカサ属（*Lepiota*）に属するきのこは、傘に放射状の鱗をもつことが多く、同心円状だったり、白い屋根に茶色のこけら板を葺いたように重なっていたりします。デッドリー・ダッパリングには密に並んだオフホワイトの襞があり、ピンク味の茶色の柄は筋っぽい鱗片に覆われています。野原や公園、庭など、食用きのこも見つかる場所に生えます。同属のキツネノカラカサ（*Lepiota cristata*）も有毒です。食べられるカラカサタケ（*Macrolepiota procera*）や多くのハラタケ科のきのこによく似ていますが、キツネノカラカサはひどい悪臭があるので、全く違うと分かるでしょう。カラカサタケモドキ（*Chlorophyllum rhacodes*）はもっとはっきりしていて、短いつや消しの白髪のように見えます。食べる人もいますが、吐き気を催すこともあるので、やめておくのが無難です。キャット・ダッパリング（*Lepiota felina*）ははっきりした同心円状の鱗片があり、中心に茶色い「目」があります。これも食べられません。

多くの毒きのこ同じく、世界中でありふれているにも関わらず、あるいはまさにそのためか、ダッパリングの仲間のきのこには、ロマンチックな彩りを添える民話はほとんどありません。しかし、現代のゲームの世界は新しい伝説を最も豊かに生み出すところで、デッドリー・ダッパリングはここでついに日の目を見るかも知れません。非常に人気の高いゲーム『ワールド・オブ・ウォークラフト』シリーズは、そのファンタジーの世界を、伝統的な実際の物語の上に構築しています。グルサーンズ・ディケイは、ネクロローズの要塞であるモルドラクスの中のエリアで、ここには、ハウス・オブ・プラーグ

が魔法の薬を作るのに使用するスライムのクリーチャーがいるかも知れません。ここはデッドリー・ダッパリングの出没地でもあります。デッドリー・ダッパリングはフンガリアン（きのこ人間の一種族）で、ハウス・オブ・プラーグを突いて穴をあける骨を持っています。でもハウス・オブ・プラーグはいつもフンガリアンを掠って閉じ込めては殺してしまうのです。このデッドリー・ダッパリングはおよそ実際のデッドリー・ダッパリングのようで、プリンセス・ペニシラとフモンガズはアオカビ属とワタゲナラタケ（*Armillaria gallica*）が元ネタのようです。

多くの意味で、民話は常にこういう風にして生まれてくるものです。何千年もの間、人間は自分たちの世界を元にして、物語を作ってきました。『ワールド・オブ・ウォークラフト』は、実在するきのこの生息地や成長パターン、特徴など菌類の要素を取り入れて制作されました。こうして、新しい物語が想像の世界に生まれたのです。舞台設定はファンタジー・ロールプレイング・ゲームで、昔ながらのキャンプファイアや家庭の炉辺で語られるものではありませんが、作られ方は同じです。フンガリアンたちは、日本の妖怪やロシアのおとぎ話の人型きのことそれほど変わらないでしょう。ただ、魔法の森でなくデジタルの陰の世界にいるというだけです。人類は世界がどれほどヴァーチャルになっても、物語をやめることはないでしょう。

p.178 デッドリー・ダッパリング（*Lepiota brunneoincarnata*）。マルコム・イングリッシュ画、2022年

The Paris Poisoner
パリの毒殺者

「毒きのこ殺人」は歴史上、数多くありましたが、証明が困難でした。
毒殺者がタマゴテングタケを選ぶ理由のひとつは、反応の出るのが遅く、
被害者が「最後に何を食べたか」が注目されないためです。
しかし、ある事件ではその証拠は明らかでした。

アンリ・ジラールが、連続して自分の「友だち」を天国送りにした時に、ヨーロッパが戦時中でなかったら、彼の悪名はもっと大きくなったことでしょう。そして、彼に殺されていたかも知れない人の多くが、生き延びて証言したという2つ目の事実は、単に彼が自認していたほど殺人がうまくなかったということの証左かも知れないのです。

確かに、毒きのこはジラールのお気に入りの凶器ではありませんでした。1875年生まれで、1897年に軽騎兵部隊を不名誉除隊になった彼は、こそ泥で、ばくち打ちで、ペテン師で、そもそも「チフス菌」とあだ名されるような人間でした。そしてこの頃、彼は個人保険の規則がどんなに抜け穴だらけかを知ったのです。

1910年、彼は保険代理人のルイ・ペルノットに取り入りました。ペルノットは新しい友人に保険をかけることを許しましたが、それは、2人のうち一方が死んだら、もう1人が受取人になるというものでした。その後ジラールは別の保険会社の保険もかけ、さらに3件の加入が続きました。1912年、ペルノット家の人々は、ジラールと食事をした後具合が悪くなります。他の人は全員回復しましたが、ルイだけは治らず、彼は後日ジラールに「樟脳入りカモミール」を注射してもらいました。ルイは心臓麻痺で死亡し、ジラールが保険金を受け取ったのです。

翌1913年、ジラールは旧友のM.ゴーデルに6件の保険をかけました。ゴーデルはジラールと食事に出かけてからチフスで床に伏しますが、回復しました。1914年には、ジラールは自分を受取人にして、M.デルマスにこっそり生命保険をかけました。この時も被害者は命を取り留めましたが、疑いを持ち、ジラールの会社を去ります。次に密かに保険をかけられたのは、ミミシュ・デュルーでした。彼も食事に招かれましたが、死ぬことはありませんでした。

ジラールはもっとうまくやらなければならなくなりました。1918年、若い戦争未亡人のモナン夫人と知り合った時、彼と愛人のジャンヌ・ドルバンはモナン夫人に3種類の生命保険をかけました。ジラールは彼女をカクテルパーティーに招きます。彼女は帰宅途中に意識を失い、後日亡くなりました。保険会社2社は保険金を支払いましたが、もう1社は、健康な若い女性が突然倒れて死んだことに疑いをもち、調査を開始したのです。

モナン夫人の検死で、ジラールの手口はタマゴテングタケだったと明らかになりました。ジラールは臆面もなく、自分の日記にきのこや食事への招待や被害者の症状のことを書いていたのです。

1950年代、ゴードン・ワッソンはこの事件に夢中になりました。ジラールが毒きのこを使ったからではなく、彼がもっとちゃんとしたきのこ識別マニュアルに頼っていれば、遺体の数はもっと多かったと思われたからです。ジラールはペレ・テオからきの

こを手に入れていました。ランブイエの森できのこを採る高齢の浮浪者です。そのマニュアルではほとんどすべてのテングタケ属が致死毒を持つと警告していたので、ジラールは実際には無毒な種も使っていました。きのこを間違えたことが逆に人の命を救うという一例を作ることになったのです。

でも残念ながら、この推理が正しいかどうか、決してわかることはありません。1921年、3年間に渡って証拠を集め、いくつか遺体も発掘して調べた結果、ジラールはパリのフレンヌ監獄に再勾留されます。彼はここで密かに持ち込んだ培養菌を摂取し、有罪宣告をしたフランスの裁判所を出し抜いて自殺したのです。妻と愛人はいずれも終身刑となりました。

下　タマゴテングタケ（*Amanita phalloides*）。
エルジー・M. ウェイクフィールド画。
キューガーデン・コレクション、1915～45年頃。

Agaricus emeticus. *Schæffer*.

The pretty little sickener
ドクベニタケ
Russula emetica

学名に*emetic*のついているものはどれも、
ディジェスチフ（食後酒）向きではなさそうです。

ベニタケ属のきのこは北欧・東欧でとても喜ばれ、この属のもつ毒が、熱に弱くて完全に火を通せば問題ないと知っている人にはよいご馳走です。しかしこの属のきのこは、見た目からにおいまであらゆる点が想像と正反対なので、注意しなければなりません。

たとえば、クサイロハツ（*Russula aeruginea*）の見た目は正直に言って気持ち悪いですが、正しく調理すれば風味がいいと言われます。ほのかなピンクに、中心部が少し凹んで色の濃いハクサンアカネハツ（*Russula paludosa*）は、ひどい臭いではありますが完全に食用です。濃いワインカラーのニオイベニハツ（*Russula xerampelina*）は、最初は甲殻類をゆでたような匂いがして、熟すと徐々に魚臭くなりますが、フライにしたりスープに入れるとおいしいきのこだとされています。しかし、ドクベニタケ（*Russula emetica*）は違います。不慣れな採取者を、鮮やかなバラ色の傘や真っ白な襞や豊かでフルーティな香りで誘いますが、味見したら捨てるしかありません。乳幼児や基礎疾患のある人でなければ死ぬことはありませんが、生で食べると吐き気・嘔吐・急激な胃痛・下痢を起こすでしょう。それでも東欧の一部では、色鮮やかな皮を丁寧に剥いて、グヤーシュ（煮込み料理）の風味付けに使います（あとは賢明にも食べずに捨てます）。緑のミズゴケ類がたっぷり生えたマツ林で見られることが多く、英語名のpretty「可愛い」は一層ぴった

りです。副作用なくこれをお腹に詰め込むリスなら、この意見に賛成してくれるでしょう。

パプアニューギニアのクマ族には、地上に初めて生まれた人間が、きのこで様々なものを作るという物語があります。人類最初の男は、きのこを天に投げ上げて月を作りました。最初の女は自分のきのこをやはり投げ上げて、太陽を作りました。この民族の儀式の一つに「震える狂気」というものがあり、様々なベニタケ属やヤマドリタケ属のきのこをゆでて食べます。全員参加しますが、ロバート・ロジャーズによると、およそ「震える天の鳥、道理は聞かない」という意味の「コムギ・タイ」と呼ばれる状態になるのはごく一部だそうです。おそらく一種の遺伝的感受性の違いによるのでしょう。ベニタケ属は広く民間療法に使われます。伝統中国医学の有名な腱を緩める粉には数種類の乾燥きのこが使われますが、これにもベニタケ属が入っています。この属の柄の短いきのこの一部は抗酸性・抗菌性があると考えられるため、HIVやマラリア、一部のガンなどに利用できないか、医学的研究が進んでいます。

p.182 ドクベニタケ（*Russula emetica*）。
アンナ・マリア・ハッシー『英国菌類図譜』、
1847～55年。

Dead man's fingers
マメザヤタケ
Xylaria polymorpha

裸土から突き出る、いぼがあって膨れて腐りかけの死体の指のような、
見紛うことなき姿。マメザヤタケの子実体は、
死体が墓から這い出そうと最後にひともがきしているようです。

マメザヤタケが、短く膨れ、関節炎を患った古代人の拳のように曲がった指の形で生えてくるのはどうしようもありません。時には青黒いシミのある青っぽい色に、時には長く骨張って見えます。成熟した「指」たちは、屋外用の黒いゴム手袋をしているかのようです。ネット上の写真家たちは、そのぞっとするような外見を見せようと競争し、ブルーグレイに白っぽい指先、黒に不気味な肉色の指先といった写真を載せます。

しかし、実に気味の悪いこのきのこは、有益な役割を果たしています。広葉樹、特に枯れたブナの埋もれ木に生え、それらを分解し、吸収して利用するのです。マメザヤタケはリグニンなどの木材の成分を利用し、分解の後には森林で養分を得る生物にとって食べやすい、柔らかく栄養豊富な分離物が残ります。しかし、庭では森ほど歓迎されません。マメザヤタケはダメージのある根や幹に侵入し、木を腐らせていくからです。リンゴは影響を受けやすいでしょう。感染した木はすぐ除去しないと、突然倒れる恐れがあります。

このハロウィーンっぽい見た目からするとちょっと驚きかも知れませんが、マメザヤタケはあまり民話には登場しません。リトアニアでは、このきのこはバルト沿岸地域の死神、ヴェルニアスの指だと言われました。ヴェルニアスはバルトの神々の序列では天の神ディエヴァス、雷神ペルクーナスに次ぐ第3位です。ヴェルニアスはつむじ風を起こして死者の大軍を率いますが、元はいい神さまで、地上の財宝を守護し、貧民を保護して悪人を罰すると考えられていました。彼の指は貧民に食事を与えるため、黄泉から伸びると言われたのです。しかし悲しいかな、キリスト教の時代が到来し、彼は不当な扱いを受けました。黄泉の神は悪魔と同じになったのです。

マメザヤタケはそもそも食用とはみなされず、食べようとする人もあまりいません。しかし、利用する民族もあります。インドのアーユルヴェーダ医学では、母乳の出をよくしたい女性がミルクと一緒に摂取します。近縁の *Xylaria nigripes* は白っぽい子実体を持ち、伝統中国医学で多くの症状に使われる他、現在てんかん患者への抗うつ効果がないか研究されています。

別の近縁種、*Xylaria longipes* は小ぶりで色が薄く、もっといぼがあって突起の多い柄をもっています。主に枯れたブナとプラタナスの切り株に生え、これも食べられませんが、子どもたちだってこんな気持ちの悪いものはあまり口には入れたがらないでしょう。

p.185 マメザヤタケ（*Xylaria polymorpha*）。
ジェイムズ・サワビー『英国産菌類・きのこ彩色図譜』、
1795～1815年。

Clavaria digitata

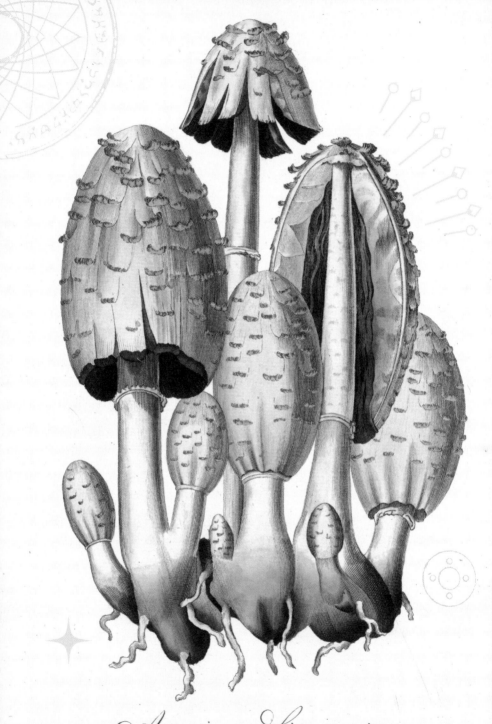

Agaricus fimetarius

Ink cap
ヒトヨタケ
Coprinopsis atramentaria

大きな科に属する繊細ではかないきのこ。
ヒトヨタケは美人薄命で、たった数時間しかもたないこともよくあります。
「液化」とは「溶けていく」という意味です。

液化という言葉をきのこで使う場合は、きのこが胞子を散布するため襞を液状化することを指します。ヒトヨタケ（*Coprinopsis atramentaria*）は胞子を大気中に放出して風散布を行いますが、残った胞子は自らの身を溶かして散布するのです。薄茶で黒い縁の傘を紡錘形の白い柄にのせたこの美しいきのこは、わずか数時間のうちに自らの酵素の犠牲となります。白っぽかった襞が灰色になり、黒くなり、完全に溶けて黒っぽい茶色のどろどろしたものになってしまいます。世代交代は迅速です。このきのこはコロニーを作って群生し、ヒトヨタケ（一夜茸）の名の通り、朝きのこが出たかと思うと、その日のうちに溶けて消えてしまうこともよくあります。

ヒトヨタケは食べるだけでは（短期的には）大したダメージはありません。しかし、「インクのような酒（alcohol inky）」や「大酒飲みの破滅（tippler's bane）」という意味の英語の別名は、もっとまずい問題を起こす恐れを示しています。ヒトヨタケにはコプリンという化合物があり、ヒトヨタケを食べる直前（および食べてから5日後まで）にアルコールを摂取した場合、アルコールの代謝産物であるアルデヒドの分解をコプリンが阻害し、ひどい悪酔いになります。（注：この一文は監修者の見解に基づき意訳。）また、ヒトヨタケの仲間の一部、コナヒトヨタケ（*Coprinopsis nivea*）、ニオイコナヒトヨタケ（*Coprinopsis narcotica*）、*Coprinopsis radicans*には向精神性があります。

属名の元である*Coprinus*はギリシャ語で「糞」を意味する*κόπρανα*から来たのかも知れませんが、あまり当てはまりません。多くのヒトヨタケの仲間や同属の近種は、糞より腐りかけの木を好むからです。子実体は切り株や路傍に見られ、こんなかよわい存在に似合わず、凍った地面の層からも生え出してきます。ササクレヒトヨタケ（*Coprinus comatus*）は確かに糞や肥えた土を好み、強靭さは舗装を貫通するほどで、道路に凹みを作ってしまいます。ササクレヒトヨタケには、傘にカールした白い鱗片がつくことから、「裁判官（弁護士）のかつら」というふさわしい英語の別名があります。食用になり、白い鱗っぽい棒キャンディーのように見える若いうちに採集するのが一番です。

伝統中国医学では、ヒトヨタケは抗炎症剤として用いられます。伝統的に、スウェーデンでも火傷の薬にされました。これについても、医学では一部のガン治療に使えないか研究しています。ヒトヨタケが溶けた液体は、昔はクローヴと水または尿と煮て、鉄のヤスリ屑を固定剤に加え、セピア色のインクを作ったものでした。近年、アーティストたちはきのこのインクを再び試しています。子実体全体を紙や布に当て、ダークな感じのきのこプリントを作っているのです。

p.186 ヒトヨタケ（*Coprinopsis atramentaria*）。
ウィリアム・カーティス『ロンドン植物誌』、1775～98年。
※監修者注：左図は、傘の上の鱗片、柄の上の明瞭なつば等の特徴によりササクレヒトヨタケ *Coprinus comatus* と思われる。

Zombie ant fungus
"ゾンビアリタケ"
Ophiocordyceps unilateralis

人間の最も根源的な恐怖の1つは、自由意志を失うこと、
つまり死ぬまでも死後も、心身を他者に支配されることです。
しかし、昆虫の世界ではこれはありふれたことなのです。

*Ophiocordyceps*属は昆虫寄生性のきのこのグループです。昆虫に寄生する菌類で、生きている状態の昆虫の体に感染し、結果として通常は宿主を殺してしまいます。トウチュウカソウ（*Ophiocordyceps sinensis*、**p.146**参照）が有名ですが、昆虫寄生性のいわゆる冬虫夏草は複数あり、主に熱帯地域で見られます。様々なアリがこの「ゾンビ・メーカー」の犠牲になりますが、カーペンター・アンツと呼ばれるアリ（*Camponotus leonardi*）が最も一般的な犠牲者です。カーペンター・アンツは通常は木の樹冠にいますが、木から木へ移るために地面へ降りる時、このきのこの胞子に曝されるのです。

いったん感染すると、ゾンビとなったアリの行動は常に同じパターンをたどります。高さ約26cmまで植物に上り、下顎で葉の葉脈や枝の下側に食い付きます。しかし、この時までに、アリはすでに自分の身体をコントロールできなくなっているので、通常は葉から滑り落ち、死ぬまで顎でぶら下がっているのです。こうなればもう安心。きのこは、もうこの昆虫を生かしておいても用がないので、徐々に宿主を殺し、寄生して軟組織に入り込むと外骨格を強化します。外骨格はまだ必要だからです。きのこは菌糸を昆虫の死骸から送り出し、死骸を共有しようとする他の菌を殺すため抗菌性のある分泌物を放出して、さらに確実に死骸を独占します。4〜10日で胞子を散布できるようになると、アリの死骸の頭から長く細い柄（子実体）を伸ばし、その柄の途中に丸い結実部を作ります。この結実部の表面にたくさん並んだ子嚢殻は、卵形の部屋で、頂部の開口部から胞子を放出し、それが森林の地面と次の犠牲者に降り注ぎます。見捨てられた死体は地面に落ちて、不幸な仲間に合流するのです。

長い間、"ゾンビアリタケ"はアリの脳を食べるのだと考えられていました。しかし、ペンシルヴァニア州立大学の研究者たちが、このきのこはもっと恐ろしい方法でアリを支配することを発見しました。頭と胸部と腹部と脚を同時に攻撃し、3Dネットワークを構成して、動きをコントロールするのです。実際、アリが最期に顎でぶら下がるまで、脳は生かされています。このため、"ゾンビアリタケ"はゾンビの精神を支配すると言うより、死体の操り師に近いのです。

しかし、この説明は、ゲーム・デザイナーのニール・ドラックマンを満足させるものではなかったようでした。BBCのドキュメンタリー、『プラネット・アース』で*Ophiocordyceps*属の特集を見た後、彼は『ザ・ラスト・オブ・アス』を制作しました。ゾンビの黙示録的ビデオゲームで、昆虫を食べるきのこの変異体が人類に襲いかかり、死んでもその精神を支配するというものです。今ではHBOのテレビ・シリーズになりました。いったい誰が民話は過去のものだなどと言ったのでしょう？

p.189 感染したアリの死骸から生える"ゾンビアリタケ"（*Ophiocordyceps unilateralis*）の子実体。『フンガリアム』より、ケイティー・スコット画。2019年。

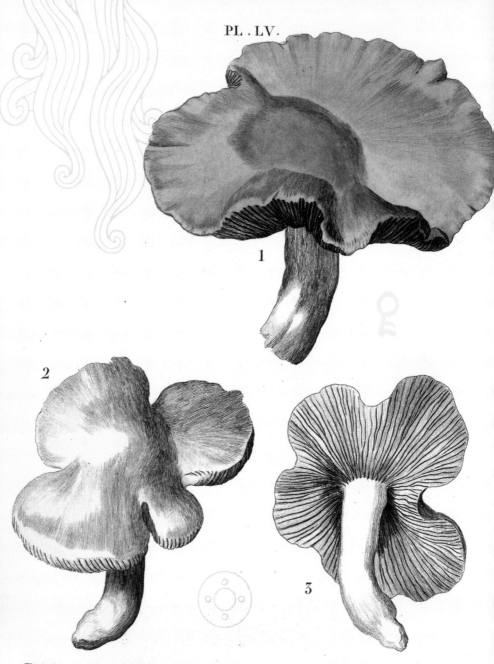

Fig 1.... *Hypophyllum xerampelinum*.

La Feuille morte. ◯ *Tom. 2. Pag. 148.*

Fig 2. 3. *Hypophyllum quinque partitum*.

Le Champignon cinq parts. ◯ *Tom. 2. Pag. 148.*

Weeping widow

ムジナタケ

Lacrymaria lacrymabunda

草地にも森林にも公園の芝生の縁にも生えるムジナタケは、
「泣く未亡人」を意味する英語名を持ち、
枯れたばかりの木のそばで「泣いている」のがよく見られます。

丸みを帯びた傘のある中くらいのきのこで、最初はきれいな球形の塊です。成熟するにつれ、柄を伸ばし、傘は平らに開いてきます。傘に繊維のような質感があるため、英語では未亡人が厚いウールのショールを羽織っているようだと捉えますが、日本ではムジナの毛皮に見立てました。湿度の高い日や雨の日には、胞子で染まった青黒い滴を垂らして泣くように見えます。

属名の*Lacrymaria*はラテン語の「涙」で、この滴を垂らすきのこの名前にぴったりでした。喪服を着てお墓で祈ったり泣いたりする泣き女（女性が多い）の像を想像させるのです。泣き男・泣き女は中世の習慣でしたが、パリのペール・ラシェーズ墓地やロンドンのいわゆる「華麗なる7大墓地」など、19世紀の墓地で復活しました。泣く人物の像があまりにも有名になったので、心ならずも闇のしるしとして新たな民間伝説となったのです。

アメリカでは、それぞれの記念像は独自の伝説を生みました。ユタ州スパニッシュ・フォークに1929年に作られたローラ・ダニエルズ・フェレディの墓を飾るアール・デコ・スタイルの泣き女像は、誰かが目を閉じて近づくと本物の涙を流すと言われます。ニューヨーク州クイーンズ地区のマカペラー墓地にある縄抜け名人、「脱出王」ハリー・フーディーニの像にも泣き女がいます。これら泣き男・泣き女は、1950年代以降ホラー映画で人を怖がらせるようになり、ごく最近ではテレビ・シリーズ『ドクター・フー』で悪役として登場しました。

現代の泣く未亡人の物語は大半が悲劇ですが、かつてはそうでもありませんでした。ヨーロッパから中国まで、また古くはイソップの時代まで、伝承は、一部の未亡人が、新たな美男の求婚者が現れたらいかに早く悲嘆から立ち直るものか、下世話な笑い話にしています。

一方、もっと可哀相なのは、南米の女性の精霊、ラ・ジョローナです。彼女は死に装束に身を包み、慰めようもないほど泣きながら天に昇っていきましたが、天国入りを断られてしまいました。語り手によって、彼女が天国に入れない理由は身投げしたことだとも、夫の不貞を目撃して子どもを溺死させたことだとも言われます。今や彼女が欲するのは復讐。5本の映画など様々なバージョンで、ラ・ジョローナは子どもを掠ったり、不貞に見合った血なまぐさい復讐をしたりするのです。

さて、ムジナタケはそれほど危険ではありません。食べられると思う人もいますが、苦い上に火を通す必要があり、火を通すとべとべとになります。ハエの大好物なので、ウジが湧いていないか十分チェックすべきでしょう。多くの路傍に生えるきのこ同様、ムジナタケも汚染物質を吸収しやすいので、交通量の多い道路のそばで摘んではいけません。これらを考え合わせると、やはり、この可哀相なきのこはそっと泣かせておいてあげましょう。

p.190 図1:ムジナタケ（*Lacrymaria lacrymabunda*）。J.H.レヴェイエ『ポーレットのきのこ図譜』、1855年。

Chapter 10
The Future of Fungus

第10章 きのこの未来

1991年、科学者たちは仰天しました。

1986年のチェルノブイリ原発事故現場の

溶解した原子炉の中に、菌が成長していたのです。

Cladosporium sphaerospermum というその菌は、

ただ生き残っていただけでなく、大繁殖していました。

この菌は放射線耐性があり、

漏れ出した放射線をエネルギーに変えていると判明したのです。

そして、NASAの科学者たちが、

火星プロジェクトで宇宙飛行士を放射線から

シールドするために使えないか、研究を始めています。

しかしこれは、地上でまだ最もよくわかっていない王国についての、

驚くような可能性の1つに過ぎないのです。

この数十年の間に、きのこと菌の世界を研究する新たな技術が進展し、
科学者たちに刺激を与えてきました。
菌の世界と人類が直面する問題を、クリエイティブに考えようとしています。

これは私たちの先祖がしていたことを21世紀的に再解釈しただけかも知れないと言えるでしょう。きのこや菌を観察し、何かに使えないか調べるのです。近年判明した魅力的な事実が役に立つことでしょう。

菌類は、植物よりむしろ動物に近いのです。

1987年、イギリスの動物学者、トーマス・キャバリエ・スミスは、同じ性質を持つ動物と菌のグループを示す新語、オピストコンタを思いつきました。たとえば、人類も菌類も酸素を吸入し、二酸化炭素を排出します。一部の菌類は、私たちが利用できるかも知れない強力な抗菌性・抗生物性・抗ウィルス性を進化させました。実際、人類はこれらを既に利用してきました。古代エジプト人は切り傷を塞ぐのにカビの生えたパンを用い、北米先住民は傷にパフボールきのこの胞子の軟膏を貼るなど、菌類の自己防御のメカニズムを利用していたのです。私たちは同様に、様々な菌類の抗ガン性成分にやっと手をつけ始めたばかりです。菌類の研究で今後ずっと治療効果が得られそうな病気としては、糖尿病・神経症・循環器の病気・免疫抑制問題などがあります。研究はまだ初期段階ですが、これまでの成果は驚くほどです。他の分野では、長期的になりますが、植物の病気対策が研究され、昆虫・線虫のバイオコントロール、雑草、さらにはさび病や黒穂病など菌による病気も視野に入っています。

2014年、デザイン・スタジオのザ・リビングが立ち上げたHy-Fiという展示タワーが、ニューヨーク現代美術館（MoMA）の外側にできました。その構造には、役目を果たしたら堆肥になるよう作られた、菌由来の煉瓦を用いました。煉瓦を焼くと菌は成長を止め、建物の形を保ちますが、それは単に成長を中断しただけらしいのです。ですから、

再び水分を与えると、ダメージや損傷を受けても大丈夫ですし、不要になれば堆肥にすることも可能です。最近の実験では、菌糸は電気信号を伝えることも解りました。これは、ちょっと脳のように、環境に合わせて反応できる家の実現も夢ではないのかもしれません。その家の中では、菌をベースにした布製品、例えば花瓶やランプシェード、椅子から寝室のスリッパまで、あらゆるものを「育てる」ことも可能となるのです。

これまで、ファッションに最も近づいたきのこ・菌は、1980年代の「パフボール」スカートへの熱狂でした。上と下ですぼんで、腰からお尻の周りに短く膨らんだ布の風船のようなシルエットを作るのです。しかし今では、生地自体を菌から作ることができます。菌糸で作った素材は防水性があり、低アレルギー性で、無毒、防火性もあります。紙のように薄くもできれば、丈夫で耐久性も持たせられるのです。アメリカの企業ボルト・スレッズが考案し、デザイナーのステラ・マッカートニーが広範囲に使った、マイロ・アンレザーがそうです。

さて、菌やきのこを食料とするのは、あまりにも当たり前に思えます。洞窟に住んできのこを食べた人々の時代から、1902年に発明されたイースト製品のマーマイトまで、大昔からそうでした。しかし、代替肉クォーンの物語は1960年代に始まります。食糧が不足し、イギリス企業のランク社が*Fusarium venenatum*という菌を代替肉になり得るとして研究し始めたからです。

菌糸の糸のような繊維の塊を操作して研究所で

p.195 赤茶色のタバコウロコタケ（*Hydnoporia tabacina*）。ジェイムズ・サワビー『英国産菌類・きのこ彩色図譜』、1795〜1815年。

Boletus luridus, *Schaeff.*

作る偽物の肉は、見た目も味も香りも本物のように
できます。質感さえ筋肉そっくりにできるのです。そ
れぞれ添加する脂肪の量を調整すれば、鶏の胸肉
やステーキさえ本物と思わせることが可能です。こ
の製品はタンクで培養され、動物を飼育するのに
必要な時間と空間と原材料のほんの一部しか要りま
せん。植物由来の代替肉と異なり、菌由来の肉は
一から風味をつけられるので、たとえば大豆由来の
代替肉のように、豆の元の風味を隠す必要はない
のです。

　基本に立ち返っても、まだほとんど探究されてい
ないこの王国について、新たな発見があります。
王立植物園キューガーデンの菌類学者が、スー
パーで買ったパック入りの乾燥ポルチーニをDNA
テストしてみたところ、3種類、いずれも新種のきの
こが見つかったのです。

　菌由来のバイオ燃料の研究も行われています。
モンタナ州立大学のゲイリー・ストローベルズが率
いるチームは、北パタゴニアのウルモ（*Eucryphia*

cordifolia）の木に育つきのこを研究してきました。
実施中の研究では、ヒメムラサキゴムタケ（*Asco-coryne sarcoides*）というそのきのこは、化石燃料と
ほぼ同じ炭化水素分子を作り出すことがわかりまし
た。現在の批判は、「菌ディーゼル燃料」は炭素
排出や、食糧不足・森林伐採につながりかねない
ことなどの短所があるということですが、今後研究
が進めば、より環境に優しい手段が見つかるかも
知れません。ほとんど確実なのは、急進派の菌類
学者、ポール・スタメッツでも夢見たことがないほ
ど多くの用途があるということです。願わくは、そ
ういった発見が何とか地球という惑星を救うのに間
に合って欲しいものです。

上　ウラベニイロガワリ（*Suillellus luridus*）。
アンナ・マリア・ハッシー『英国菌類図譜』、
1847〜55年。
p.197　フクロタケ（*Volvariella volvacea*）。
ジェイムズ・サワビー『英国産菌類・きのこ彩色図譜』、
1795〜1815年。

人類の歴史の初めから、きのこ・菌類には魅力や好奇心や情熱に勝る
一面がありました。毒性です。

どんなに無節操なきのこ好きであっても、きのこと菌の王国には完全な尊敬の念をもっています。少なくとも、まだ生きているきのこ好きなら、ということですが。

見た目がほとんど同じようなきのこ同士の違いは、おいしい料理と中毒死ほどの違いになり得ます。場合によってはおいしい料理で死ぬこともありそうです。タマゴテングタケ（*Amanita phalloides*）は味もとてもいいようですから。解毒剤も当たり外れがあります。ごく最近の2020年、シドニー・モーニング・ヘラルド紙のインタビューで、菌類学者のテレサ・レベル博士は、きのこ狩りに行く人は皆「半分は検死官に残しておきなさい」と言いましたが、半分本気だったでしょう。誰かが間違って食べてしまった野生のきのこのサンプルを持って行けば、医師が処置法を調べる役に立つはずです。

どのきのこは食べてよくて、どのきのこは避けるべきか、きのこの食毒を見分ける王道はありませんが、民話が、少しでも簡単に見分けられるようにしようと努めてきたことは確かです。食用きのこと毒きのこの見分け方の言い伝えは、馬鹿げたものから、「秘訣がありそうで実はない」という程度のものしかないのです。

次の迷信は食用きのこの目安にはなりません。
・苦くなかったら食べられる
・満月の夜に摘んだら食べられる
・昆虫が避けていなかったら食べられる
・白いきのこは食べられる
・地味な色なら食べられる
・木に生えていたら食べられる
・傘に歯形がついていたら食べられる
・リンゴの花の咲いている果樹園に生えるきのこは食べられる

・襞がピンクでなかったら食べられる
・色鮮やかでなかったら食べられる
・軸が簡単に裂けたら食べられる
・穴がたくさん開いていなかったら食べられる

毒きのこは次のもので触れても青や黒に変色しません。
・銀のスプーン
・銀のコイン
・タマネギ
・塩

緑のパセリが黄色になったり、牛乳が分離するとも限りません。ナスと一緒に調理しても毒は除去できませんし、傘を剥いてしまうのも信頼できる方法ではありません。

きのこ中毒を避ける本当の方法は1つだけ、きのこをよく知ることです。きのこ好きのシェフは気のきいたおすすめ料理を出します。ただし、そのシェフがきのこについて信用できるかどうか、人となりをよく知っているのでない限り、レストラン特製の摘みたての野生のきのこのメニューには注意してください。同じことは市場で手摘みの野生のきのこを売る、面白い外見のきのこ売りにも言えます。

ザンビアのトンガ族の人々は大のきのこ好きで、きのことタマネギとトマトとピーナッツを一緒にゆでただけの一品を、もっと手の込んだ料理より好むことがよくあります。彼らはきのこを乾燥させ、フライにし、ローストにします。女性たちが早朝に専門知識のある目できのこを集めるのです。それでもこんなことわざがあります。sibbuzya takolwi bowa、意味は「質問する人はきのこ中毒にならない人」。言い換えれば、もし少しでも疑問があったら尋ねなさい。民話を過信して死んだりしないのが一番です。

16-9-86

Agaricus laccatus.

参考文献

参考文献

本書で参照した本・記事・論文をすべてリストアップするには紙幅が足りませんが、常に最も有益だと思う著作を選びました。

マーリン・シェルドレイク（Merlin Sheldrake）『Entangled Life: How Fungi Make Our Worlds, Change Our Minds and Shape Our Futures』（The Bodley Head, 2020年）は、2020年に書店に並んだ瞬間に古典的人気本となりました。雰囲気はスリリングで驚きに満ち、道徳心と詩情ある語り口です。

不屈の志を持つロバート・ゴードン&ヴァレンティーナ・ワッソン夫妻（Wassons, Robert Gordon & Valentina）は、決定版とも言える著作『Mushrooms, Russia and History』全2巻に自信を持っていました。専門的・詳細・情熱的なこの本は1957年に書かれましたが、オリジナルは何十万円もするので尻込みさせられるでしょう。しかし嬉しいことに、オンラインなら簡単にPDFで入手できます。ロバート・ゴードン・ワッソンの『The Death of Claudius or Mushrooms for Murderers』（ハーヴァード大学植物博物館リーフレット、1972年）も非常に有益です。

ロバート・ロジャーズ（Robert Rogers）の百科事典的な『The Fungal Pharmacy』（North Atlantic, 2011年）がなければ、本書は完全に内容に乏しくなったでしょう。ロジャーズの研究の深さと幅広さは本当に驚くほどで、書きぶりはとても読みやすく、あらゆるきのこに対する彼の愛情のとりこになってしまいます。

『Fascinated by Fungi: Exploring the Majesty and Mystery, Facts and Fantasy of the Quirkiest Kingdom on Earth』（First Nature, 2011年）の生き生きした様子は、読んで楽しいものです。500ページ近いこの本は、明らかにパット・オライリー（Pat O'Reilly）の愛情ある労作で、挿画は美しく、非常に詳細です。

王立植物園キューガーデンが刊行した『Fungarium』（Big Picture Press, 2019年）は、ケイティー・スコット（Katie Scott）とエスター・ガヤ（Ester Gaya）がキュレーターを務め、明確で正確なだけでなく、菌類（きのこ）の本来の美しさを捉えています。

パトリック・ハーディング（Patrick Harding）の『Mushroom Miscellany』（Collins, 2008年）は、とても楽しく、学びの多い本です。また、ジョージ・W.ハドラー（George W. Hudler）の『Magical Mushrooms, Mischievous Molds』（プリンストン大学出版部、1998年）は、菌やきのこを学ぶ優れた入門書です。オリヴァー・ギルバート（Oliver Gilbert）の『Lichens, Naturally Scottish』（Scottish Natural Heritage, 2004年）は、私たち皆がなぜもっと地衣類に注目すべきなのかを熱く語ります。ローレンス・ミルマン（Lawrence Millman）の『Fungipedia』（プリンストン大学出版部、2019年）は、魅力的なきのこ菌類の事実に満ちあふれ、たくさんの迷信も打破してくれます。
ジョン・M.アレグロ（John M. Allegro）の『The Sacred Mushroom and the Cross: A Study of the Nature and Origins of Christianity Within the Fertility Cults of the Ancient Near East』（Gnostic Media Research, 2009年）は、きのこと菌の歴史のダークな面に分け入り、明らかな変人なら面白いと感じる結論に導きます。

また、私は民話一般について非常に多くの本を参照しました。地方の物語や暦上の習慣から、世界共通の迷信までです。きのこの民話は古い本や地名索引、時には地図からも少しずつ入ってきます。フランクデューガン（Frank Dugan）の論文、『Fungi, Folkways and Fairy Tales: Mushrooms & Mildews in Stories, Remedies & Rituals, From Oberon to the Internet』（North American Fungi刊、2008年1月）は、現代の優れた民俗学的研究論文で、身近な伝承の多くを網羅しています。珍しい伝承については、幅広い文献から選んだ物語や迷信を1つずつ丁寧に取り上げています。

本書では、詳細なきのこ狩りのガイド本には触れていません。本書はきのこの判別ガイドではなく、背景となった物語に焦点を当てる本だからです。しかし、大変お世話

になったキューガーデンの菌類学者、Rich Wrightは、全般的なガイド本、あるいは地元のきのこを調べるガイド本として、ポール・スターリー（Paul Sterry）の『Collins Complete British Mushrooms and Toadstools』（2009年）がとてもよいと薦めてくれたのでここに紹介します。

本書の監修にあたっては以下を参照しました。

・勝本謙（1996）菌学ラテン語と命名法，日本菌学会関東支部
・勝本謙（2010）日本産菌類集覧，日本菌学会関東支部
・長沢栄史監修（2003）日本の毒きのこ．学研
・日本菌学会編（2014）新菌学用語集
・Index fungorum, http://www.indexfungorum.org/Names/Names.asp, accessed 1 Sep. 2022.

p.199 ウスムラサキアセタケ
Inocybe geophylla var. *lilacina*。
※監修者注：図の特徴からウラムラサキ（*Laccaria amethystina*）と思われる。
フローレンス・H.ウッドワード画。
キューガーデン・コレクション、19世紀末。
下 ワカクサタケ（*Gliophorus psittacinus*）。
アンナ・マリア・ハッシー『英国菌類図譜』、1847〜55年。

索引

あ

アーサー・ラッカム　Rackham, Arthur　104, 107

アーチド・アーススター（タイコヒメツリグリ）
Geastrum fornicatum　66

アーユルヴェーダ医学　Ayurvedic medicine　184

アイカワタケ　chicken of the woods (Laetiporus sulphureus)
14-15, 35

アイゾメシバフタケ　Psilocybe subcaerulipes　127

アカカゴタケ　latticed stinkhorn (Clathrus ruber)　72, 73

アカカゴタケの仲間　octopus stinkhorn (Clathrus archeri)
164-5

アカヤマタケ（の仲間）　waxcaps (Hygrocybe spp.)　33-4

悪魔の計量棒　devi's dipstick (Mutinus elegans)　73

悪魔のポルチーニ
Devil's bolete, Satan's bolete (Rubroboletus satanas)　104

アプリコット・ゼリー（ニカワジョウゴタケエ）
apricot jelly (Guepinia helvelloides)　153

アミガサタケの仲間
Morel family, common morel (Morchellaceaemo, Morchella spp.)
32, 58, 63, 64, 92

アミガサタケ　yellow morel (Morchella esculenta)　92-3

アミヒラタケ　dryad's saddle (Cerioporus squamosus)　35

オウシュウマツタケ
European matsutake (Tricholoma caligatum)　84-5

アメリカマツタケ　white matsutake (Tricholoma magnivelare)　84

アラゲコベニチャワンタケ　eyelash cup (Scutellinia scutellata)　35

アリストテレス　Aristotle　10, 12, 114

アルフレッド大王のケーキ
King Alfred's cakes (Daldinia concentrica)　142

アルベルト・ホフマン　Hofmann, Albert　124-5, 138

アレクサンダー・フレミング　Fleming, Alexande　15, 48

アンズタケ　chanterelle (Cantharellus cibarius)　94-5, 154-5, 170

アントニ・ガウディ　Gaudi, Antoni　107

アンナ・マリア・ハッシー　Hussey, Anna Maria
15, 29, 33, 35, 42, 59, 66, 76, 92, 99, 100, 114, 120, 127,
143, 144, 149, 157, 183, 196, 201

イヌセンボンタケ　fairy ink cap (Coprinellus disseminatus)　60-1

イヌツメゴケ　dog lichen (Peltigera canina)　39

イボテン酸　ibotenic acid　131

ウィッチス・ベアード　withches' beard (Usnea florida)　36

ウィリアム・シェイクスピア　Shakespeare, William　107

ウィリアム・フッカー　Hooker, William　42

ウスタケ　woolly chanterelle (Turbinellus floccosus)　95

ウスチラゴ・メイディス　Ustilago maydis　82-3

ウスベニミミタケ　hare's ear (Otidea onotica)　35

うどんこ病（菌）　mildew　26, 42, 157

ウラベニイロガワリ　lurid bolete (Suillellus luridus)　196

ウラムラサキ　amethyst deceiver (Laccaria amethystina)
150-1

ウルリッヒ・モリトール　Molitor, Ulrich　128

映画　movies　18-19, 106-10, 137

F.P. ショーメトン　Chaumeton, F.P.　112-3

エブリコ　agarikon (Fomitopsis officinalis)　12

エリマキツチグリ（アーススター）
earthstars (Geastrum triplex)　66-7

エルジー M. ウェイクフィールド　Wakefield, Elsie M.
52, 87, 110, 122, 181

LBM　Little Brown Mushrooms　125

エルンスト・ヘッケル　Haeckel, Ernst　26, 118-19

園芸　gardening　154-7

オオキツネタケ　Laccaria bicolor　150

オオトリアミガサタケ（ブラック・モレル）
black morel (Morchella elata)　92

オオワライタケ　fiery agaric, laughing mushroom,
spectacular rustgill (Gymnopilus junonius)　126, 127

オニナラタケ　dark honey fungus (Armillaria ostoyae)　158

オレラニン　orellanin　170

か

カール・フォン・リンネ　Linnaeus, Carl　13, 144

藻類　algae　36

カイメンタケ　dyer's polypore (Phaeolus schweinitzii)　113

カエンタケ　fire mushrooms, poison fire coral
(Podostroma cornu-damae)　176-7

カバノアナタケ　chaga (Inonotus obliquus)　35

カビ　moulds　26, 69, 80-3, 121

雷ときのこ　thunder mushrooms　63-5

カラカサタケ　parasol mushroom (Macrolepiota procera)　179

カラカサタケモドキ　shaggy parasol (Chlorophyllum rhacodes)　179

カラクサゴケ属の地衣類（クロットル）
　dove-grey Parmelia（*crottle*）39
カロルス・クルシウス（シャルル・ド・レクリューズ）
　Carolus Clusius　120
カワラタケ属　turkey tail（*Trametes versicolor*）26, 28-9, 35
カンバタケ　birch polypore, razor strop fungus
　（*Piptoporus betulinus, Fomitopsis betulina*）10, 143
乾腐病菌（ナミダタケ）　dry rot（*Serpula lacrymans*）26, 172-3
漢方薬、TCMを参照
カンゾウタケ　Beefsteak fungus（*Fistulina hepatica*）99
カンムリタケ　bog beacon（*Mitrula paludosa*）32
キクラゲの一種　cloud ear（*Auricularia nigricans*）148-9
キクラゲ（木耳、ゼリーの耳）
　jelly ear（*Auricularia auricula-judae*）143, 148-9
キコブタケ　*Phellinus igniarius*　143
キツネタケ　*Laccaria laccata*　150
キツネタケ属　*Laccaria*　150
キツネノカラカサ　stinking dapperling（*Lepiota cristata*）178
キツネノロウソク　dog stinkhorn（*Mutinus caninus*）73
狐火　foxfire　114-15
キナンクム　omalata（*Cynanchum acidum*）118
キヌガサタケ　veiled lady（*Phallus indusiatus*）35, 73
きのこ石　mushrooms stones　13
きのこ殺人事件　mushroom murders　168, 180-1
きのこの部位名　30
きのこフェルト　mushroom felt　10
貴腐（ハイイロカビ）　noble rot（*Botrytis cinerea*）160-1
キャット・ダッパリング　cat dapperling（*Lepiota felina*）179
狂人のきのこ　mad mushrooms　120
菌根菌　mycorrhizal fungi　100, 154-7
菌糸　*mycelium*　30
金耳　*Naematelia aurantialba*　153
菌輪　mushroom ring 妖精の輪を参照
菌類学　mycology　13, 15, 42-6
薬屋のひげ（サルオガセ属）　apothecary's beard（*Usnea*）39
グリエルマ・リスター　Lister, Gulielma　15
クロシバフダンゴタケ
　brown puffball, black bovist（*Bovista nigrescens*）76
黒トリュフ　black truffle（*Tuber melanosporum*）62-3, 100-1
クロミスタ（卵菌門）　Chromista（*phylum Oomycota*）42, 157
ケイティ・スコット　Scott, Katie　48, 146, 188, 200
ゲオルク・フランツ・ホフマン（G、F、ホフマン）

Hoffmann, G.F.　36, 39
原生動物　protozoa　26
光合成生物（フォトビオント）　photobiont　36
麹菌　koji mold（*Aspergillus oryzae*）83
向精神（性）作用　psychoactive（*fungi*）116-39, 187
酵母　yeasts　29, 88-9
コガネシクウロコタケ　wrinkled crust（*Phlebia radiata*）156-7
コガネニカワタケ　witches' butter（*Tremella mesenterica*）152-3
コカンバタケ　oak polypore（*Buglossoporus quercinus*）35
苔の染料　lichen dyes　112-13
ココラ　ocorra（*Amanita calyptroderma*）166
コツバイチメガサ　fool's conecap（*Conocybe filaris*）174-5
コツブタケ　dead man's foot, dyemaker's puffball
　（*Pisolithus arhizus*）113, 143
コナカブトゴケ　*Lobaria pulmonaria*　39
コフキツノハナゴケ　bighorn cup lichen（*Cladonia cornuta*）39
今昔物語集　Konjaku Monogatarishu　127

さ

サイケデリック・ウエイヴィー・カップ・マッシュルーム
　Psychedelic wavy cap mushroom（*Psilocybe cyanescens*）
　122-3
（催）幻覚（作用）　hallucinogens
　107-9, 121, 124, 127, 128, 132, 134, 138
細胞質　cytoplasm, described　29
ササクレヒトヨタケ　shaggy ink cap（*Coprinus comatus*）
　34, 64, 187
サビ病　rusts　42, 69
サルオガセ属　*Usnea*　36, 39
サルノコシカケ　棚型キノコを参照
シアノバクテリア　cyanobacteria　36
シイタケ　shiitake（*Lentinula edodes*）64, 96-7, 143
シイノトモシビタケ
　heavenly light mushroom（*Mycena lux-coeli*）114
J.V.クロンブホルツ　Krombholz, J.V.　10-1, 64-5
J.H.レヴェイェ　J.L.Leveille　16, 73, 169, 191
ジェイムズ・サワビー　Sowerby, James
　20, 42, 63, 95, 124, 150, 173, 184, 194, 196
シコンアジロガサ　dung rounhead（*Stropharia stercoraria*）122
シダー・カップ・フンガス
　cedar cup fungus（*Geopora sumneriana*）44-5

子嚢菌　Ascomycota　29, 32, 33, 35

シバフタケ　fairy ring mushrooms, resurrection mushroom
(Marasmius oreades)　52-3, 56, 58-9

シビレタケ属　Psilocybe　10, 46, 125

「邪悪な」キノコ、魔術と精霊を参照
evil fungi, see witchcraft and spirits

ジャガイモ疫病菌　potate blight (Phytophthora infestans)
13, 42, 157

シャグマアミガサタケ　false morel (Gyromitra esculenta)
92, 110

ジャック・オ・ランタン jack-o'-lantern (Omphalotus olearius)　95

香菇 (xiang gu, Lentinula edodes)、シイタケを参照

集団ヒステリー　mass hysteria　138

ジョージ・クルックシャンク　Cruikshank, George　14, 56

ジョン・M・アレッグロ　Allegro, John M.　13

ジョン・ケージ　Cage, John　41

ジョン・ジェラード　Gerard, John　12, 70

ジョン・テニエル　Tenniel, Sir John　107

シロキクラゲ　snow fungus (Tremella fuciformis)　153

シロシビン(psilocybin)、マジック マッシュルームを参照

シロシビン・プロジェクト　Psilocybin Project　121, 125

シロシン（・エステル）　psilocin ester　125

シロトヤマタケ　lilac fibrecap (Inocybe geophylla)　150

白トリュフ　white truffles (Tuber. Magnatum)　100

ジンガサドクフウセンタケ
deadly webcap (Cortinarius rubellus)　170-1

神農　Shennong (Sage King)　13

『神農本草経』　Shennong Ben Cao Jing　13

スカーレット・エルフカップ
bright red scarlet elf cap (Sarcoscypha austriaca)　35, 75

スジチャダイゴケ　bird's nest (Cyathus striatus)　35

ススホコリ　dog vomit (Fuligo septica)　152

スタキボトリス・チャルタム
toxic black mould (Stachybotrys chartarum)　121

スッポンタケ　common stinkhorn (Phallus impudicus)　70-3, 104

スッポンタケの仲間　Phallus spp.　35, 70-3

スミレホコリタケ
purple-spored puffball (Calvatia cyathiformis)　76

「聖なる」きのこ　sacred mushrooms　118

生物三界説　three-kingdom system of animals　26

生命の樹　Tree of Life　27

セイヨウオニフスベ　giant puffball (Calvatia gigantea)　76-7

セイヨウショウロ属　Tuber　100

セイヨウタマゴタケ　Caesar's mushroom (Amanita caesarea)
16-7

染料　dyes　112-13

ゾロアスター教　Zoroastrianism　143

ゾンビアリタケ　zombie ant fungus (Ophiocordyceps unilateralis)
188-9

た

Termitomyces titanicus　80

大プリニウス　Pliny the Elder　12, 42, 63, 166

多核質　polykaryotic　29

多孔菌　conks (bracket fungi)　34-5

棚型きのこ（サルノコシカケの仲間）　bracket fungus,
conks (Phellinus igniarius)　20, 34-5, 99, 143

タヌキノベニエフデ　Mutinus elegans　73

タマゴテングタケ（テングタケ属）　death cap (Amanita phalloides)
16, 110-11, 166-7, 174, 180, 181, 198

担子菌門　Basidiomycota　29, 32-3

地衣類　lichen　36-9, 44-5, 112-13

地衣類の一種　Roccella tinctoria (lichen)　112, 113

チェッカード・パフボール
chequered puffball (Calvatia bovista)　76

チェルノブイリ　Chernobyl　193

チビホコリタケ　warted puffball (Bovista pusilla)　76

チャコブタケ　cramp balls (Daldinia concentrica)　142

チャツムタケ　Gymnopilus junonius　127

月岡芳年　Yoshitoshi Tsukioka　124

ツバムラサキフウセンタケ　stocking webcap (Cortinarius torvus)
105

ツブホコリタケ　umber-brown puffball (Lycoperdon umbrinum)
76

ツリガネタケ　tinder fungus (Fomes fomentarius)　10

ツチカブリ　peppery milkcap (Lactifluus piperatus)　58

ツルタケ　grisette amanita (Amanita vaginata)　120

TCM (伝統的な中国医学)
TCM (traditional Chinese medicine)
13, 23, 87, 142, 183, 184, 187

ディオスコリデス　Dioscorides　12

テイフインテイ　teyhuinti mushrooms　118

ティモシー・リアリー　Leary, Dr Timothy　121, 125

テオプラストス Theophrastus 12, 41

デコニカ属（糞が好き） dung demon (*Deconica coprophila*) 122

デッドリー・タッパリング
deadly dapperling (*Lepiota brunneoincarnata*) 178-9

テルフェジア属（砂漠のトリュフ） Terfezia 63

テングタケ属 *Amanita* genus 15

テングタケ panther cap (*Amanita pantherina*) 168

テングノメシガイ black earth tongue (*Trichoglossum hirsutum*) 35

トウチュウカソウ（冬虫夏草）
caterpillar fungus, yartsa gunbu (*Ophiocordyceps sinensis*) 143, 146-7, 188
甲虫に寄生する冬虫夏草の仲間
beetleparasitizing micro-fungus (*Tolypocladium inflatum*) 143

トウモロコシの黒穂病 corn smut, blister smut (*huitlacoche*) 82, 83

トーマス・ゲインズバラ Gainsborough, Thomas 104

ドクツルタケ（死の天使） destroying angel (*Amanita virosa*) 120, 168-9

毒物 poisons 23, 164-87, 198

ドクベニタケ pretty little stinker, sickener (*Russula emetica*) 182-3

トリュフ truffles (*Tuber* spp) 32, 100-1

トルビオ・デ・ベナヴェンテ・モトリニア
Motolin-a, Toribio de Benavente 118

な

ナメコ nameko (*Pholiota microspora*) 64

ナヨタケの仲間 *Psathyrella aquatica* 33

ナラタケ honey fungus (*Armillaria mellea*) 58, 158-9

ナラタケの仲間 humongous fungus (*Armillaria bulbosa*) 158

ナラタケモドキ ringless honey fungus (*Armillaria tabescens*) 158

ナンドカトル nandcatl mushrooms 118

ニオイベニハツ shrimp russula (*Russula xerampelina*) 183

ニホンコウジカビ（麹菌） *Aspergillus oryzae* (koji mold) 83

ノイン・ウラ Noin-Ula 122

は

バーマン・ダグラス博士 Douglass, Dr Bearman 120-1

パーシー・ビッシュ・シェリー Shelley, Percy Bysshe 7

ハイイロカビ（灰色かび病菌） *botrytis cinerea* 160-1

ハクサンアカネハツ bog russula (*Russula paludosa*) 183

パシフィック・ゴールデン・シャントレル
Pacific golden chanterelle (*Cantharellus formosus*) 95

バッカクキン ergot (*Claviceps purpurea*) 134-8

麦角中毒 ergotism 134-8, 139

ハナゴケ reindeer lichen (*Cladonia rangiferina*) 39

ハナビラダクリオキン（オレンジ・ゼリー）
orange jelly (*Dacrymyces chrysospermus*) 153

ハナビラニカワタケ（茶色の魔女のバター）
brown witches' butter (*Phaeotremella foliacea*) 153

ハプロポルス・オドルス diamond willow fungus
(*Haploporus odorus, Trametes odora*) 144

ハラタケ common field mushroom (*Agaricus campestris*) 142, 143

パリの毒殺者 Paris poisoner 180

バロメーター・アーススター（ツチグリ）
barometer earthstar (*Astraeus hygrometricus*) 66

パン酵母 baker's yeast (*Saccharomyces cerevisiae*) 88-9

ビアトリクス・ポター Potter, Beatrix 15, 41, 107

ビーフステーキのきのこ（カンゾウタケ）
beefsteak fungus (*Fistulina hepatica*) 98-9

ピエル・アントニオ・ミケーリ Micheli, Pier Antonio 13, 42

ヒエロニムス・ボス Bosch, Hieronymus 104, 134-7

ヒトヨタケ ink caps (*Coprinopsis atramentaria*) 58, 186-7

ヒメアジロガサ funeral bell (*Galerina marginata*) 174

ヒメキクラゲ（黒い魔女のバター） black witches' butter, witches' butter (*Exidia glandulosa*) 142, 153

ヒメキツネタケモドキ twisted deceiver (*Laccaria tortilis*) 150

ヒメムラサキゴケタケ purple jellydisc (*Ascoryne sarcoides*) 196

媚薬 aphrodisiacs 39, 143, 146

病原菌 pathogenic fungi 42

ヒラタケ oyster mushrooms (*Pleurotus*) 26

ヒロハアンズタケ
false chanterelle (*Hygrophoropsis aurantiaca*) 95

ビンゲンの聖ヒルデガルト Hildegard of Bingen 13, 15

ファーザナ・イスラム Islam, Ferzana 64

腐生菌（腐生性） saprotrophic fungi (saprotrophs) 26, 158

腹菌類 Gasteromycetes 35, 76

フクロタケ straw mushroom (*Volvariella volvacea*) 196-7

Fusarium venenatum 194-6,

ブナシメジ white beech mushroom (*Hypsizygus tessellatus*) 143

フランシスコ・エルナンデス Hern-ndez, Francisco 118

フリンジド・アース・スター Fringed earthstar (*Geastrum limbatum*) 66-7

フリンジド・ソーギル・マッシュルーム fringed sawgill mushroom (*Lentinus crinitus*) 42-3

ブルー・ラウンドヘッド (モエギタケの仲間) blue roundhead (*Stropharia caerulea*) 34

プルタルコス Plutarch 12

震える狂気 shivering madness 183

flor de coco (フロール デ ココ) flor de coco (*Neonothopanus gardneri*) 114

フローレンス H. ウッドワード Woodward, Florence H. 158, 201

ベアード・ライケン beard lichen (*Usnea hirta*) 36-7

ヘクセンピルス (魔女のキノコ) hexenpilz (witch mushroom) 69

ペニシリン (アオカビ属) Penicillium 15, 32, 48-9, 143, 178

ベニテングダケ fly agaric (*Amanita muscaria*) 16, 34, 58, 69, 107, 108, 117, 118, 121, 124, 130-3, 143

ベルナルディーノ・デ・サアグン Sahag-n, Bernardino de 118

変形菌類 slime moulds 14, 153

放射性耐性 (のあるきのこ) radiotropic fungi (*Cladosporium sphaerospermum*) 193

ホコリタケ (パフボール) puffballs 35, 69, 76-7, 109, 113

ポルチーニ (ヤマドリタケ) porcini (*Boletus edulis*) 12, 86-7, 104

ボロンドゴンバ (馬鹿者のきのこ) bolondgomba (*fool's mushroom*) 120

ま

マーガレット・キャヴェンディッシュ Cavendish, Margaret 107

マイコトキシン (かび毒) mycotoxins 164, 176

マイタケ hen of the woods (*Grifola frondosa*) 143, 144-5

マイルズ・ジョゼフ・バークリー Berkeley, Revd Miles J. 13-15, 42, 45

マジック マッシュルーム (シビレタケ属) magic mushrooms (*Psilocybe*) 46, 122-5

魔術と精霊 witchcraft and spirits 52, 55, 68-9, 70-1, 114,

121, 127, 128-9, 137-9, 152-3, 178-9, 184

魔女の軟膏 witches' ointment 128

マツカサモドキ warted amanita (*Amanita strobiliformis*) 46-7

マッシュルーム humble button (*Agaricus bisporus*) 80, 96

マツタケ (松茸) matsutake (*Tricholoma matsutake*) 64, 84-5

ママル・オ・ワヒネ (女性のキノコ) Māmalu o Wahine (*woman's mushroom*) 73

マメザヤタケ dead man's fingers (*Xylaria polymorpha*) 184-5 マメザヤタケの近縁 *Xylaria nigripes* 184

マンネンタケ (霊芝) lingzhi (*Ganoderma lucidum*) 20-3, 142-3, 168-9

ミイラの呪い (アスペルギルス) mummy's curse (*Aspergillus* spp.) 18-19

ミケナ・ルクセテリア eternal light mushroom (*Mycena luxaeterna*) 114

水野年方 Mizuno Toshikata 80

ミドリスギタケ *Gymnopilus aeruginosus* 127

ミナミシビレタケ landslide mushroom (*Psilocybe cubensis*) 125

ミヤマカラクサゴケ Parmelia saxatilis 39, 113

ムジナタケ weeping widow (*Lacrymaria lacrymabunda*) 190-1

ムシモール muscimol 132

ムラサキフウセンタケ violet webcap (*Cortinarius violaceus*) 34, 35, 150

メアリー・ローズ号 Mary Rose 26

メキシカン・プラム Mexican plum (*Psilocybe mexicana*) 125

モーデカイ・キュービット・クック (M.C. クック、アンクル・マット) Cooke, Mordecai Cubitt (*Uncle Matt*) 42-5, 46-7, 170-1

や

ヤマブシタケ lion's mane (*Hericium erinaceus*) 143

ユキワリ St George's mushroom (*Calocybe gambosa*) 143

妖精の輪 (菌輪) fairy rings 7, 50-9, 104, 105

ヨコワサルオガセ Usena diffracta 36

ら

ライヒェンフィンガー (死体の指) leichenfinger (*corpse finger*) 73

ラティス・フンガス lattice fungus, red cage fungus (*Colus hirudinosus*) 35

ランドスライド・マッシュルーム

landslide mushroom（*Psilocybe caerulescens*） 125

リグ・ヴェーダ　Rig Veda　118

リバティ・キャップ　liberty cap（*Psilocybe semilanceata*）　124

呂紀　Lu Ji　12

ルイス・キャロル　Carrol, Lewis　107-8

ルビー・エルフ・カップ　ruby elf cup（*Sarcoscypha coccinea*）　74-5

レイモンド・ブリッグス　Briggs, Raymond　59

レース・ライケン　California State lichen（*Ramalina menziesii*）　39

老子　Lao Tzu　36

ロクショウグサレキン　emerald elf cup（*Chlorociboria aeruginosa*）　75

ロバート＆ヴァレンティーナ・ゴードン・ワッソン夫妻　Wasson, Dr Robert G. and Valentina（*Tina*）　7, 16, 45-6, 63, 95, 104, 108, 110, 118-21, 163

ロバート・ホイッタカー　Whittaker, Robert　26

ロバート・ロジャーズ　Rogers, Robert　70-3, 92, 127, 143, 183

わ

ワクサタケ　parrot waxcap（*Gliophorus psittacinus*）　201

ワサビタケ　bitter oyster fungus（*Panellus stipticus*）　114-15

ワタゲナラタケ　*Armillaria gallica*　179

ワライタケ　*Panaeolus papilionaceus*　69, 121, 127

椀型きのこ（盤菌類）　cup fungi　35, 74-5

画像クレジット

本書への画像の複製を温かく許可して下さった下記の画像提供者にお礼を申し上げます。

下記に記した以外の画像はすべて、王立植物園キューガーデンのライブラリーおよびアーカイヴのコレクションから掲載しました。

ALAMY STOCK PHOTO: Album: 23, 74, 85; Artokoloro: 119; Chronicle: 136; Keith Corrigan: 124; Everett Collection, Inc.: 18; Heritage Image Partnership Ltd: 15, 27; Interfoto: 12, 139, 160; Matteo Omied: 89; Jonathan O´Rourke: 125; Pictorial Press: 129; Science History Images: 54; sjbooks: 109; UtCon Collection:81; Ivan Vdovin: 121; Walker Art Library: 90-91

ARMITT LIBRARY & MUSEUM CENTRE: 105

BONNIER BOOKS UK: 49, 147, 189 Katie Scott

BRIDGEMAN IMAGES: Christie's Images: 章扉
GETTY IMAGES: bauhaus1000: chapter openers; Dea Picture Library/De Agostini: 56-57

PUBLIC DOMAIN: 22; /Arthur Rackham: 104

SHUTTERSTOCK: Cci: 68; Grainger: 106; Kseniya Parkhimchyk: chapter openers; Bodor Tivadar: 165

各画像の提供者・著作権者は正確に記載するよう最大限の努力を払い、連絡を取りました。万一意図せぬ誤り・脱落があった場合は、本書重版時に訂正します。

キューガーデン出版チームは、本書にご協力頂いた以下の方々に感謝します。菌類学者・アウトリーチ・オフィサー、植物および菌類 Life of Trees プロジェクト、Rich Wright。キューガーデン・フンガリウム・コレクション・キュレーター、Lee Davies。メキシコ国立自治大学、Robert Bye。キューガーデン・ライブラリーおよびアーカイヴ、Craig Brough, Julia Buckley, Patricia Long, Anne Marshall, Cecily Nowell-Smith, Lynn Parker。画像デジタル化、Paul Little。イラスト、Charlotte Amherstm, Katie Scott。

［主な図版出典の対訳］
『食用・有毒・食毒不明きのこの菌類図譜』J.V.クロンプホルツ，『Naturgetreue abbildungen und beschreibungen der essbaren, schädlichen und verdächtigen schwämme』
『英国菌類図譜』アンナ・マリア・ハッシー，『Illustrations of British Mycology』
『ポーレットの菌類図譜』J.H.レヴェイェ，『Iconographie des Champignons de Paulet』
『英国産菌類・きのこ彩色図譜』ジェイムズ・サワビー，『Coloured Figures of English Fungi or Mushrooms』
『地衣類と呼ばれるリンネ分類隠花植物の概説』ゲオルク・フランツ・ホフマン，『Descriptio et adumbratio plantarum e classe cryptogamica Linnaei quae lichenes dicuntur』
『英国産菌類図譜』M.C.クック，『Illustrations of English Fungi』
『フンガリウム』ケイティー・スコット画，『Fungarium』
『ロンドン植物誌』ウィリアム・カーティス，『William Curtis Flora Londinensis』
『ヨークの伝説：聖ユークンドゥスの詩』ジョージ・ホジソン画，『The Lay of Saint Jucundus : A Legend of York, illustrated』
『薬草詳解』F.P.ショーメトン，『Chaumeton Flore Médicale Décrite』
『有益な植物』M.A.バーネット，『Plantae Utiliores』
『フランス植物誌』P.ビュイヤール，『Herbier de la France』

著者：サンドラ・ローレンス（Sandra Lawrence）
ロンドン出身の作家兼ジャーナリスト。数冊の歴史書を上梓し、『マリ・クレール（Marie Claire）』や『カントリーライフ（Country Life）』などの雑誌にも寄稿している。

監修者：吹春 俊光（ふきはる としみつ）
1959年生まれ。京都大学農学部卒業。博士（農学）。千葉県立中央博物館勤務。専門は大型菌類（きのこ類の分類と生態）で、きのこ全般についての造詣が深く、勤務する博物館では約35年間千葉県のきのこ類を中心に調査をすすめてきた。著書に『きのこの下には死体が眠る』（技術評論社）、『Mushroom Botanical Art』（Pie Intl Inc）、『くらべてわかるきのこ』（山と渓谷社）、『おいしいきのこ毒きのこハンディ図鑑』（主婦の友社）など、また監修書籍に『フィリア』（パイインターナショナル）など多数。

魔女の森
不思議なきのこ事典

2023年1月25日 初版第1刷発行
2023年6月25日 初版第2刷発行

著　者　サンドラ・ローレンス（©Sandra Lawrence）
発行者　西川正伸
発行所　株式会社 グラフィック社
〒102-0073 東京都千代田区九段北1-14-17
Phone　03-3263-4318
Fax　　03-3263-5297
http://www.graphicsha.co.jp
振　替　00130-6-114345

制作スタッフ
監修　吹春俊光
翻訳　堀口容子
組版・カバーデザイン　神子澤知弓
編集　金杉沙織
制作・進行　豎山世奈

ISBN 978-4-7661-3694-4　C0076
Printed in China